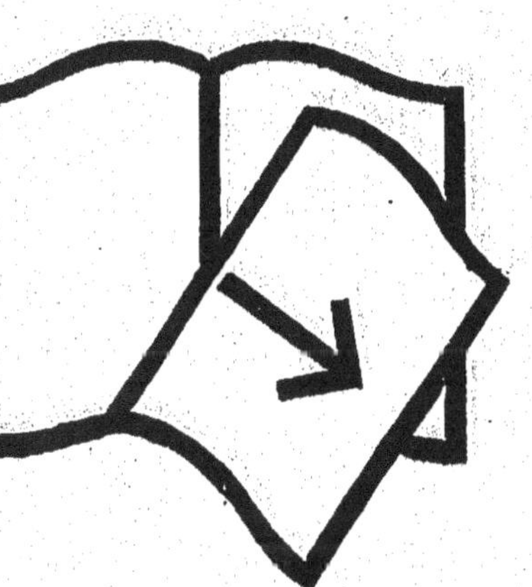

Couverture inférieure manquante

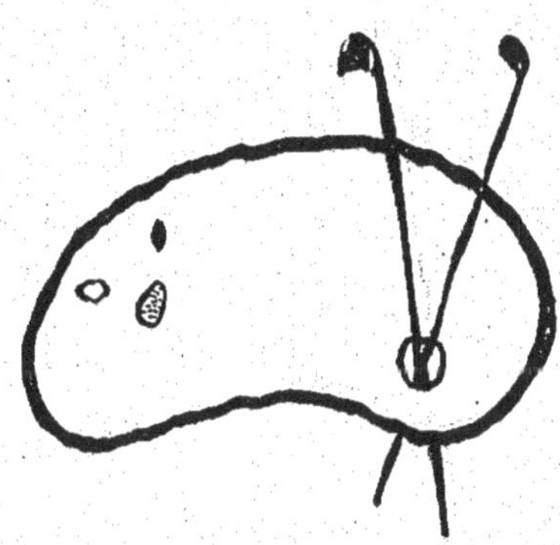

DÉBUT D'UNE SÉRIE DE DOCUMENTS
EN COULEUR

LES NOMS

DE LA

CARTE DANS LE MIDI

ESSAI SUR LES NOMS DE LIEUX

du Comté de Nice

PAR

PIERRE DEVOLUY

PRIX : 1 fr. 50

NICE

Imprimerie, Lithographie et Papeterie MALVANO, rue Garnier, 1

Librairie LOUIS MEYNIER, avenue de la Gare, 58

AVIGNON

Librairie ROUMANILLE, rue Saint-Agricol, 19

1903

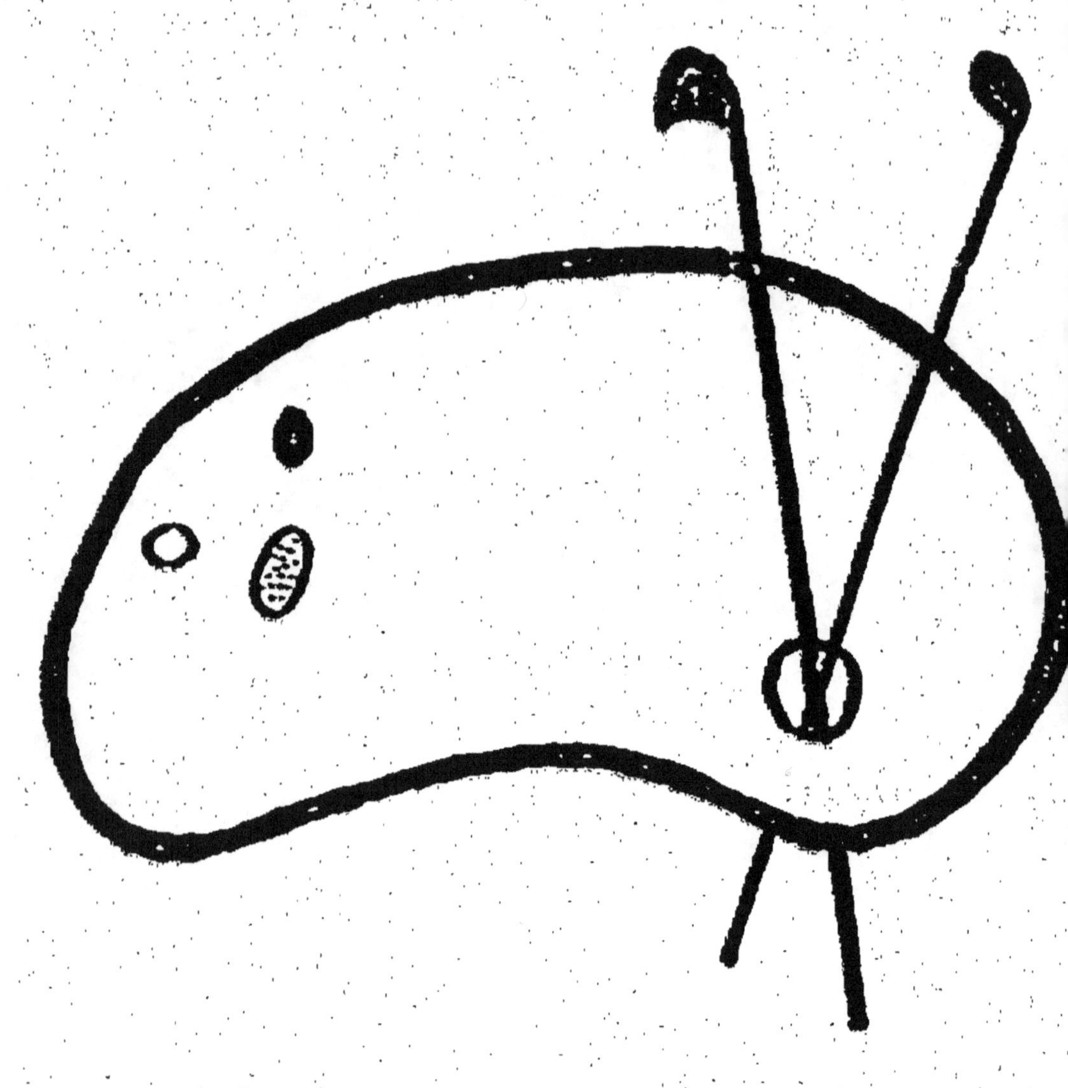

FIN D'UNE SERIE DE DOCUMENTS
EN COULEUR

LES NOMS

CARTE DANS LE MIDI

ESSAI SUR LES NOMS DE LIEUX

du Comté de Nice

PAR

PIERRE DEVOLUY

PRIX : 1 fr. 50

NICE

Imprimerie, Lithographie et Papeterie MALVANO, rue Garnier, 1

Librairie LOUIS MEYNIER, avenue de la Gare, 58

AVIGNON

Librairie ROUMANILLE, rue Saint-Agricol, 19

1903

AVERTISSEMENT

La présente brochure est dédiée à tous ceux qu'attire
le charme farouche des montagnes de Nice, et, en particulier aux Camarades de l'Armée qui y manœuvrent
plusieurs mois de l'an. Elle contient des renseignements
qui peuvent être utiles, surtout à qui a pour mission de
connaître dans tous ses détails et à tous les points de vue
la frontière fleurie que nos aïeux niçois nommaient la
Terra nova de Provensa.

Mais je dois avertir par avance qu'on ne trouvera pas,
dans ces pages, un exposé complet et méthodique de la
toponymie niçarde. Plus ou moins fragmentaires et volon-
tairement écourtées, les notes publiées aujourd'hui n'ont
été extraites d'un travail d'ensemble actuellement à l'étude
que pour les besoins très spéciaux de conférences vulga-
risatrices faites à Nice en 1902, conférences dont la présente brochure n'est en quelque sorte, que le résumé.

Si fragmentaire qu'elle soit, je souhaite néanmoins que
cette modeste étude puisse rendre quelque service, ne
fût-ce qu'intéresser le lecteur bienveillant à la question
des noms de lieux, lui faire envisager comme une néces-
sité la révision rationnelle des noms de la carte, le con-
vaincre enfin que les errements incriminés, détestables à
tous les points de vue, deviennent quelque peu scanda-

leux dans un pays qui s'honore d'avoir pour fils les Gaston
Paris, les Paul Meyer, les Camille Chabaneau, ces maîtres
actuellement incontestés de la Philologie romane.

C'est grâce à la bienveillance d'un de leurs disciples
les plus érudits, M. Henri Moris, archiviste des Alpes-
Maritimes et sous les auspices de la *Société des Lettres
Sciences et Arts* dont il est le secrétaire général que la
présente publication a été faite.

Je prie M. Moris et ses confrères de la docte société,
d'en agréer ici tous mes remerciements.

P. D.

ESSAI SUR LES NOMS DE LIEUX

DU

COMTÉ DE NICE

I

A la lecture d'une carte d'état-major ou d'une feuille des
plans cadastraux, l'on ne manque pas d'être frappé par la
répétition, dans une même région, d'un certain nombre de
noms de lieux et de quartiers, dont le sens parfois obscur
n'en présente pas moins un intérêt évident. Par leur répétition même et l'analogie présumée des localités qu'ils
désignent, ces mots semblent constituer en effet pour la
topographie régionale une sorte de manière d'être spéciale
qu'il est utile de connaître si l'on veut posséder par avance
un ensemble de premiers renseignements précieux et, en
tous cas, éviter des confusions dont le moindre inconvénient
est d'être un peu ridicules.

En général fort anciennes, les appellations dont il s'agit
sont empruntées, pour la plupart, aux *patois* ou *parlers
locaux*. Elles font partie de cet ensemble de vestiges véné-
rables que l'on a justement appelés les *Archives de la langue*
et, à ce point de vue, elles retiennent l'attention du linguiste et du philologue. Mais leur connaissance présente
encore un intérêt plus général. Outre qu'elle découvre au
géologue, au botaniste, à l'ingénieur, à l'officier, voire
même au simple touriste, une mine d'indications précieuses,
elle marque, mieux que tout autre indice, dans les pays fron-

tières, les limites de la nationalité. On peut dire, en effet, que c'est le parler du paysan qui incruste sur le sol la marque nationale la plus profonde et la plus indélébile. S'il est vrai que l'éclat du glaive emplisse l'histoire, élève et renverse les empires, dessine les frontières plus ou moins durables, on peut affirmer, en revanche, que c'est le soc de la charrue qui crée les patries séculaires et que c'est le dialecte rustique qui les affirme. Vainement le hasard des batailles coupe en deux la Lorraine, vainement l'on bannit du pays conquis la langue littéraire des aïeux ; le vainqueur obtiendra peut-être, à la longue du temps, que Racine et Chateaubriand ne soient plus entendus à Metz : tant qu'il n'aura pas extirpé du sol lorrain les *patois* lorrains, la Lorraine annexée demeurera Lorraine, c'est-à-dire Gaule, c'est-à-dire France.

Or les patois ne se laissent point facilement extirper ! Ils mettent mille ans à mourir quand ils meurent. Ils sont les rustiques et puissants aïeux des littératures nationales, et ils leur survivent comme la forêt profonde et touffue survit au parc d'agrément. Ainsi les parlers *romans* sur toute l'étendue de l'Empire survécurent-ils à la splendeur latine ; ainsi les parlers de *langue d'oc* ou *provençaux* demeurèrent-ils maîtres du sol après la chute de la civilisation méridionale.

Prendrai-je la défense des parlers locaux ? Il le faut bien un peu, car on les attaque beaucoup. Je voudrais vous faire partager la conviction que, si M. Homais les combat et si Joseph Prudhomme les condamne, c'est que ces deux colonnes vivantes de la Société contemporaine manquent sans doute un peu de ce que Taine appellerait, après Spencer, *l'esprit scientifique*. La science positive a fait justice, en effet, de cette conception contre nature et par conséquent monstrueuse d'une expression unique et uniforme de lan-

gage usitée par tous les Français, en toute occasion de lieu
et de temps, depuis Dunkerque jusqu'à Bayonne. Nous
savons, à n'en plus douter, que, si, par un concours d'évé-
nements inconcevable, une pareille uniformité se réalisait
un seul instant, il se produirait presque aussitôt, selon les
lois du transformisme, une suite de différenciations, de
divergences de caractères qui recréeraient rapidement de
nouvelles variétés dialectales, de nouveaux *patois*. Il faut
donc en prendre son parti : *il y aura toujours des parlers populaires*; la question est de savoir si M. Homais
remplacera nos parlers autochtones et nationaux par des
jargons pseudo-français, s'il fera régner sur nos campagnes
cet épouvantable *sabir*, où l'on reconnaît, avec un insur-
montable dégoût, je ne sais quels vagues échos du parler
de Montmartre ou encore de l'argot cosmopolite des cafés-
concerts et des bagnes.

Sans examiner ici le secours majeur et incontestable que
nous offrent nos patois pour la connaissance bien informée
de la langue officielle française, qui est notre unité, notre
commune mesure gallo-romaine, il faut bien faire voir
qu'ils sont seuls qualifiés pour restituer à cette langue la
sève autochtone et les vertus concrètes que sa mondialité
même lui fait perdre par usure naturelle.

Il y a dans nos contrées une foule de choses qui n'ont pas
de nom en français et que nous ne savons comment dési-
gner. Nous pensons nous tirer d'affaire en leur donnant des
noms latins, allemands ou anglais absolument étrangers
et réclamant, pour être entendus, une véritable initiation
préalable. Je prendrai, entre cent autres, l'exemple de cette
roche formée d'un agrégat de cailloux réunis par un ciment
naturel et que nous appelons *poudingue*. Pourquoi lui
avons-nous infligé ce nom anglais de poudingue, alors que
dans tout le midi de la Gaule le paysan l'appelle gentiment

sistre ? En adoptant le mot du paysan, nous eussions enrichi la langue officielle d'un vocable national qui lui manquait, mais nous eussions fait plus encore, car il nous eût dès lors suffi de lire sur la carte les mots *sistre, sistras, sistron, sistrières, sestrières*, pour connaître par avance la nature de la roche du lieu, ce qui peut avoir son utilité pour l'officier, aussi bien que pour l'ingénieur et le géologue.

Les langues académiques ne vivent que d'une vie de convention, brillante à la vérité, mais essentiellement artificielle. Elles deviennent de plus en plus abstraites et incolores si elles ne se retrempent dans les patois locaux de même famille qui sont au contraire des témoignages linguistiques naturels, de première main et puissamment concrets.

Prenons un exemple : considérons les montagnes et les points d'eau, et mettons en comparaison les mots ternes et imprécis que nous offre la langue officielle, tels que *mont, croupe, gorge, fontaine, source*, et avec les mots vigoureux et significatifs que nous donnent les patois de nos régions ; pour les montagnes : *baus, bauma, brec, cauma* ou *carma* avec son diminutif *calmeta* ou *carmela, cengle* ou *cingle, serre, serra* et *serriera, mourre* et *mourrena, bec* et *becas, tor* et *touret, calanca* et *chalancha, ranc* et *rancareda*, etc., etc. ; pour les eaux : *font, fountan, fountaniéu, sorga, fous* et *afous, dous* et *adous, saussa* ou *salsa, nais* et *naissoun, aven* et *avenquet, chaudan* ou *caudan, lauroun, chourrun, gourg* et *gourga, lona* ou *launa, palun, sagna, sagniera*, etc., etc...

Nous devons bien reconnaître que les appellations locales, ou plutôt régionales, car elles sont communes à tout le midi de la Gaule, constituent de véritables définitions qu'il suffit de lire sur la carte et qui nécessitent en français des périphrases souvent pénibles et insuffisantes.

Ainsi, qui a vu un *baus* reconnaît tous les baus et ne les confond pas avec les *brecs*, les *tors* ou les *serres* dont les caractères sont différents. Et il n'est pas besoin d'être grand clerc en provençal pour savoir qu'un *adous* n'est pas un *chaudan*, qu'une *sorga* n'est pas un *lauroun*.

Ne voilà-t-il pas une source d'informations vraiment nationales ? N'y retremperons-nous pas notre langue officielle épuisée et le sentiment de notre nationalité, au lieu de faire aux langues étrangères des emprunts contre nature et inassimilables puisqu'ils sont contraires au génie de notre idiome ?

Certes, quand l'on touche du doigt l'incroyable insouciance terminologique qui a présidé à la rédaction des noms de la carte dans le Midi, on se demande, à la vérité, si les parlers auxquels ils se rattachent ne sont point par hasard des dialectes papous ou hottentots, les bégaiements vagues et inconnus de je ne sais quels Fidgiens ou quels Védas des bois ! Et je vous laisse à penser quels sentiments nous agitent, nous, les fils conscients de la terre, nous qui avons été bercés par la maternelle et fière chanson de ces parlers, lorsqu'après que nous sommes sortis des écoles officielles, il nous est donné d'apprendre qu'il s'agit là des plus augustes témoignages linguistiques de l'Humanité, qu'il s'agit là de ce *provençal* héroïque qui sonna le premier réveil des énergies latines et fut, après la nuit des Barbares, le symbole écrit de la résurrection, de ce provençal qui, trois siècles durant, servit d'éducateur aux peuples, de ce provençal, enfin, qu'il n'est plus avouable d'ignorer à ce point, aujourd'hui qu'une couronne de nouveaux chefs-d'œuvre lui assure dans les universités des deux mondes une incomparable illustration.

Par une connaissance même sommaire du provençal, nous éviterons désormais ces erreurs cartographiques humiliantes et qui forment une interminable liste; nous n'écrirons plus *Alpines* pour *Alpilles*, *Valcarès* pour *Vacarés*, (de *vaca*, vache), *Pas de Lanciers* pour *Pas de l'encié* (encié forme marseillaise du provençal *encisa* qui signifie coupure, défilé, pas)...

J'en passe et des meilleurs. Mais nous aurons encore, pour le Comté de Nice, l'avantage précieux de démasquer avec facilité les noms de la carte qui portent un faux visage italien, en raison d'une orthographe vicieuse accréditée par les errements de l'état-major sarde, où nous sommes vraiment sans excuse de le suivre, pour ne pas dire coupables. Nous n'écrirons plus *Cap d'Aglio* pour *Cap d'Aille*, *Granges de Venchella* pour *Granges de l'Avenquet* (*Avenquet*, petit *Aven*); nous n'appellerons plus les cluses de Baumanegra et de Saint-Jean-la-Rivière, dites *clusa* et *clua* en patois local, des *chiuses* [1]; et nous n'infligerons plus le nom de source d'*Oglione* à cet *adous* qui alimente le ruisselet d'*Aligone* non loin du hameau d'Ulion (devenu Oglione sur la carte au 1/80000, en dépit de l'usage local et des indications du cadastre).

Et pour sentir l'importance nationale de la question, il faut nous demander ce que nous dirions si nos neveux, après avoir recouvré la Lorraine *irredenta*, conservaient à *Thionville* son nom allemand de *Diedenhofen*, nous qui maintenons, en dépit des parlers locaux et de la tradition autochtone, des noms italiens dans le Comté de Nice, pays provençal.

En dirai-je davantage pour montrer l'excellence de nos parlers héréditaires qui s'attachent et s'adaptent solidement à notre patrimoine, pittoresques vêtements, signes irrécusables de la nationalité, authentiques et vivants échos de la

---

1. En italien on dirait : *Chiusa della Spelonca-Nera*; En provençal classique: *Clusa de Balma-Negra* ou *Bauma-Negra*, qui est exactement l'appellation usitée dans le pays.

voix des pères lointains dont la cendre est le *substratum*
même de la patrie, vocables chantants et féconds dont
furent emplis les François Villon, les Rabelais, les Mon-
taigne, les Molière et tous les grands fondateurs de la langue littéraire française ?...

N'est-il point honteux qu'au nom de je ne sais quel idéal
sectaire et monstrueux, aussi contraire à la nature des
choses qu'au véritable patriotisme, on nous enseigne à
méconnaître, à mépriser nos titres de vieille noblesse, nos
archives linguistiques de famille et de race ?...

Pour ce qui regarde les recherches topographiques et
toponomastiques, nous nous plaignons parfois de ce que les
montagnards se montrent en général peu capables de bons
renseignements sur leur pays. Je crois que c'est parce que
nous ne prenons point la peine de les entendre dans leur
parler naturel. Je n'en veux pour preuve que ces paysans
bien enracinés, ces bergers patriarches, ces braconniers
ingénus qui, dans leur savoureux provençal, nous disent
volontiers le sens des mots, les noms et les vertus des
plantes, le secret et la légende des *avens* et des *baumes.*
Puissants spécimens de la race, fortement adaptés à leur
milieu, tout empreints qu'ils sont d'une bonhomie courtoise
encore qu'un peu fière, ils nous montrent des sentiers que
ne relèvent pas les cartes; ils nous font « lire l'heure au
soleil », ils comprennent, en un mot, comme dit le poète, la
chanson familière des « Vieux chemins ».

Adressons-nous à eux, si nous voulons entendre la terminologie locale; ils représentent d'ailleurs la grande masse
de la population; et, à ce point de vue, M. Homais s'illu-
sionne sur la portée de son œuvre néfaste et sournoise. Il
va répétant à l'envi, que les parlers provençaux se meurent; et il faut bien reconnaître que ce sont là des mori-
bonds récalcitrants, car depuis des siècles qu'ils ont reçu

l'extrême onction, nous ne les voyons pas près de disparaître, et je crois bien, comme on dit, qu'ils nous enterreront nous et nos neveux.

La seule conquête de M. Homais, c'est d'avoir peut-être accru le nombre des villageois honteux de l'être et qui trouvent, comme on dit, « la terre trop basse » et la pioche trop lourde, déserteurs pressés de s'enfuir vers la ville et de s'y perdre; c'est d'avoir favorisé l'éclosion de ce champignon social que nous voyons pousser sur les ruines de l'esprit de famille et de cité, et qui, n'ayant pas de racine, pas d'attache avec le terroir patrial, ne doit tenir aucune place dans son histoire vraie. Aussi, regardez-le, ce type bâtard d'une éducation fausse : tout vaniteux qu'il soit de ses certificats primaires et de sa verve électorale, nous le trouvons d'une imbécillité lamentable en tout ce qui regarde la terminologie et la topographie locales. Ah ! ce n'est pas à lui qu'il faut demander le nom des plantes ou des rochers, ni les légendes de la reine Jeanne !

Élevé dans le mépris de son patois familial et, par conséquent, de sa famille et des voisins qui ont encore de la bonne glèbe ancestrale aux semelles; ayant mal digéré, d'ailleurs, le français du maître d'école, il confond les termes; il dit pompeusement et pédamment le contraire de ce qu'il veut dire; et si notre mauvais destin nous oblige à l'entendre, il nous inflige un charabia tellement odieux que nous ne pouvons nous empêcher d'appeler sur lui la juste et rude poigne du bon Pantagruel pour lui appliquer le remède congruent, ainsi qu'il fut fait à cet « escholier limousin » qui, lui aussi, « contrefaisait le langage françois » et dont Rabelais nous conte la mésaventure :

« Ah ! lui dit Pantagruel, tu es limousin pour tout potaige
« et tu veulx icy contrefaire le parisien. Or, viens ça, que
« je te donne un tour de pigne.

« Lors le print à la gorge, luy disant : « Tu escorches le
« latin, par Sainct-Jean, je te feray escorcher le regnard,
« car je t'escorcheray tout vif. »

« Lors commença le pauvre Limousin à dire : « Vé, digo,
« gentilastre, ho Sant Marsaut, ajudas-mi, hau, hau ! leis-
« sas acò, au noum de Dious, e noun me toucas grou. » A
« quoy dist Pantagruel : « A cette heure parles-tu natu-
« rellement. Et ainsi le layssa. »

Pour notre modeste étude, nous sommes donc allés vers
ceux-là qui « parlent naturellement » et nous avons obtenu
d'eux des renseignements de première main précieux que
nous avons coordonnés en faisant appel aux méthodes des
romanistes ainsi qu'aux inestimables leçons du Diction-
naire de Mistral, de ce *Trésor du Félibrige* qui est, au dire
des savants, le vrai trésor de la philologie romane.

II

Pour envisager la question dans ses grandes lignes, il
convient d'abord de se demander quel est la nature des parlers du Comté de Nice et à quel groupe linguistique ils se
rattachent. Tous les témoignages autorisés les rangent dans
le groupe généralement appelé *langue naturelle d'oc* ou
provençale, dont les parlers règnent dans le midi de la
France et sur la Catalogne.

Peut-être est-il bon de rappeler ici la distinction trop
souvent négligée et pourtant essentielle qu'il faut faire
entre deux ordres de faits très différents :

1° Les *langues naturelles* qui ne sont autre chose que
l'ensemble des parlers d'une même famille, vaste friche où
se nuancent par *sélection naturelle* mille fleurs sauvages
utilisées par le paysan et dont le *linguiste* est le *botaniste*.

2° *Les langues nationales littéraires et académiques* qui sont l'expression écrite issue par *sélection humaine et artificielle* de la masse des parlers naturels nationaux[1], beaux jardins cultivés, dont les fleurs de luxe ont pour amoureux les poètes et pour *horticulteurs les philologues.*

A quoi reconnaîtrons-nous que deux parlers font partie de la même famille, de la même langue naturelle ; ou, plutôt, comment définirons-nous d'une manière un peu précise le phénomène : *langue naturelle ?*

A cette question les linguistes répondent : « Malgré les différences dialectales qui distinguent normalement et fatalement les parlers d'une même langue, il y a unité de langue quand les hommes qui emploient ces différents parlers, bien que ne se comprenant pas toujours sur certains points spéciaux, peuvent échanger leur pensée sur les points familiers et d'intérêt commun. »

A ce compte-là, il ne peut y avoir aucun doute sur la nature des parlers du Comté de Nice ; tous les Français des pays de langue d'oc qui n'ont pas oublié la langue du berceau, comprennent sans difficultés les Niçois et peuvent aisément dans leur propre parler, échanger avec eux leur pensée « sur les points familiers et d'intérêt commun ». On constate au contraire vers San-Remo, comme dans les environs de Valdieri, une frontière linguistique bien accusée qui sépare les parlers de langue d'oc des parlers génois et piémontais. En conséquence, un Niçois, un Sospellois, un Monégasque transportés à Oneille, à Savone ou à Coni, ne pourront y être compris dans leurs parlers locaux ni comprendre le parler local des habitants.

Telle est en somme la preuve la plus simple et la plus

---

1. On sait que cette sélection s'exerce surtout par la force littéraire et politique. Ainsi la portée de l'œuvre de Dante crée-t-elle la langue écrite italienne. Ainsi la prépondérance de la cour de Paris crée-t-elle la langue écrite d'oui.

forte de la *provençalité* des parlers du Comté de Nice.
Quant aux preuves techniques, elles abondent, et j'ai résumé
les plus connues et les plus évidentes d'entre elles dans une
note annexée au présent travail.

Que le Comté de Nice ait toujours été de langue et de
nationalité provençale, c'est-à-dire gauloise, c'est-à-dire,
aujourd'hui, française, il ne peut y avoir aucun doute à cet
égard, et M. de Cavour le reconnaissait lui-même, loyalement et en fort bons termes, devant le Parlement de
Turin en 1860[1], lors du retour de Nice à la Provence. Tout
a été dit et écrit là-dessus. On a suffisamment montré qu'en
1388, lorsqu'à la suite de longues et cruelles guerres civiles,
le Comté de Nice et les vigueries de Puget-Théniers et
de Barcelonnette répudièrent la suzeraineté du duc d'Anjou,
lequel, plus ou moins légitime héritier de la couronne de
Provence, était obligé de conquérir son trône comtal les
armes à la main et sur ses propres sujets, il ne s'agissait en
aucune façon d'un changement de nationalité, mais bien
au contraire, semble-t-il, d'une fidélité plus farouche à la
nationalité provençale que combattait en définitive Louis
d'Anjou, prince étranger et cruel, entre tous odieux aux
Provençaux armés contre lui et qui ne le subirent que par
la force des armes. Nos cités du Midi étaient, à cette époque,
de véritables républiques autonomes et ne rendaient guère
à leur prince qu'un hommage nominal et honorifique bien
plutôt qu'effectif. Que le prince suzerain fût donc le comte
de Provence ou le comte de Savoie, la chose importait peu
dans les idées du temps; il s'agissait, en tout cas, d'un
prince des Gaules et non d'un Italien; rien n'était changé
dans la langue, les mœurs, les coutumes, la vie intime de
la cité; et nous voyons, en effet, qu'à ces différents points
de vue, les cinq siècles de suzeraineté savoyarde puis

---

1. Voir les paroles de ce grand patriote dans la note au bas de la page 245.

piémontaise n'ont pas laissé plus de traces dans le pays que la cinq fois séculaire suzeraineté des papes n'en a laissé dans cet autre canton de la Provence également détaché d'elle et qu'on appelait naguère l'Etat d'Avignon et le Comtat Venaissin [1].

C'est pourquoi, il ne faut jamais dire ni laisser dire que Nice a appartenu à l'Italie, parce que ce n'est pas vrai, et que ce n'est point à nous à accréditer pareille erreur. Pendant la longue période où elle fut séparée politiquement de la Provence, il n'existait pas d'Italie politique, et du jour où, celle-ci étant fondée, il a fallu se choisir une patrie politique, Nice n'a pas hésité à se jeter dans les bras de la France.

C'est l'évidence même; les Italiens éclairés s'y rendent les premiers. Et cependant, on laisse encore traîner dans les manuels primaires d'outre-monts des mensonges tels que celui-ci :

« *Il Varo e le Alpi dividono la Francia dall'Italia.* »

Un certain parti, raconte-t-on, osa parler d'*irrédentisme* au sujet de Nice. Nous voyons encore que, justifiés en apparence par le grand nombre d'ouvriers italiens qui émigrent vers notre littoral, des tentatives de théâtre et de journalisme italiens se témoignent à Nice. Elles ont pu faire croire à certains étrangers et à plusieurs Français du Nord qu'il y avait quelque vraisemblance à l'*italianité* de Nice,

1. Les données élémentaires de la linguistique positive se vulgarisant de plus en plus, il semblera quelque peu puéril d'insister sur ce fait que les dominations étrangères, politiques et administratives, exercent une influence à peu près nulle sur l'évolution naturelle des parlers locaux. Cependant on voit encore des écrivains parisiens notoires commettre à cet égard de telles bévues que notre insistance, hélas ! n'est que trop bien justifiée. Entre cent autres, je citerai de mémoire M. G. Hanotaux qui dans une étude sur Richelieu à Avignon (*Revue des Deux-Mondes*) constate gravement qu'au XVIIe siècle, tout, dans Avignon, rappelait l'Italie, jusqu'au patois *italien* des habitants. De mémoire encore, M. J. Lorrain découvrant dans un récent article du *Journal* que tout est italien à Nice, en particulier le patois populaire...

et j'ai eu parfois la surprise d'entendre des camarades con-
sidérer les parlers de la région comme patois italiens...

Ce sont là des erreurs anti-nationales qu'il ne se faut
point lasser d'extirper comme de mauvaises herbes. A cet
égard, la présente étude, si modeste et si incomplète soit-
elle, illustre assez efficacement le témoignage des savants
et du peuple, ainsi du reste que celui de la tradition et des
archives locales. Nous avons consulté les cartes et les plans
cadastraux; nous avons écouté les montagnards et les gens
de la plaine; nous avons reconnu que non seulement tous
les noms du Comté de Nice sont de langue d'oc, mais encore
qu'en en dressant une liste complète, on constitue un dic-
tionnaire presque complet de la terminologie topographique
de tout le Midi. Nous avons constaté que toutes les fois
qu'un nom italien se trouve sur notre carte, c'est qu'il se
retrouve aussi dans la plupart des pays de langue d'oc par
évolution naturelle du latin populaire, en raison de ce que
les mots provençaux et italiens sont en ce cas de forme
identique; toutes les fois que les formes du mot sont un peu
différentes dans les deux langues, c'est la forme provençale
cale qui prévaut dans le pays. Enfin, la toponymie démon-
tre clairement que la marque provençale déborde bien au-
delà des frontières politiques actuelles et s'étend presque
jusqu'aux plaines d'alluvion du bassin du Pô, englobant les
vallées vaudoises.

On sait, d'ailleurs, que ces vallées font partie du Briançonnais historique dont elles n'ont été séparées qu'en 1713,
lors du traité d'Utrecht. Actuellement, les montagnards
vaudois parlent un fort bon provençal, et la *langue des
dimanches* est pour eux le français et non l'italien. En
pourrait-il être autrement dans un pays où les localités se

nomment Sant-Pèire, Champlas, Sauze, Sestrières?... et pour des populations au sein desquelles ont autrefois surgi les plus anciens témoignages de la vieille littérature provençale, cet *Evangéli de li quatre semènço*, cette *Nobla Leiçoun* et tant d'autres poèmes religieux en langue des Troubadours qui font la joie des romanistes.

Oui, on peut dire que jusque, vers la plaine, toute la montagne franco-italienne est de langue provençale, c'est-à-dire qu'elle fait partie du *patrimoine d'oc*.

L'histoire confirme ici les faits accusés par la carte et les parlers locaux. Nous devons nous souvenir, en effet, qu'aux époques féodales, alors que les unités politiques territoriales se groupèrent suivant leur destin naturel ethnique et linguistique, on voyait que les vallées vaudoises des deux versants formaient un tout, le Briançonnais, sous le protectorat du Dauphin de Viennois, et que les petites républiques de la région de Coni sollicitaient constamment la suzeraineté du comte-roi de Provence, lequel, de ce chef, portait parmi ses titres celui de prince de Piémont.

Voilà ce qu'en toute conscience et sans pensée hostile à l'endroit de l'Italie, à laquelle tant de liens moraux et matériels nous unissent, nous avons le devoir strict d'enseigner à nos enfants. A la fausse, à l'injuste *Nizza irredenta* des gallophobes, opposons donc la véritable et légitime *Provence irredenta* qui maintient la nationalité provençale jusqu'aux limites du pays piémontais, lequel ne commence pas à la ligne de partage des eaux mais bien, comme son nom l'indique, aux abords de la plaine du Pô, au *pied des monts*.

En le faisant, nous aurons conscience de ne point attiser la haine, mais, bien au contraire, de susciter les pacifiques méditations. En dissipant au soleil généreux de la vérité le crépuscule des malentendus, nous aurons la certitude de travailler loyalement au triomphe de l'idée latine, à l'avènement merveilleux de cet *Empire du Soleil* que Mistral prophétise avec magnificence et qui fait la joie de nos rêves et la vaillance de nos espoirs[1].

1. Voici les paroles que prononça M. de Cavour devant la Chambre des Députés de Turin, dans la séance du 26 mai 1860 :

« J'arrive maintenant à la question de Nice. M. Ratazzi a dit que Nice était incontestablement une province italienne et, pour le démontrer, laissant de côté les arguments ethnographiques, et géographiques il n'a donné qu'une raison, celle-ci : Nice est italienne, parce que, autrefois, libre d'elle-même, elle s'est donnée à l'Italie.

« Je regrette que l'honorable député Ratazzi ait usé d'un aussi pauvre argument. Je ne veux pas examiner le vote donné par Nice en 1388 en faveur de la Maison de Savoie... Mais, admettant que les Niçois aient donné, en 1388, un vote libre, dégagé de toute pression, que firent-ils alors ?

« Manifestèrent-ils l'intention d'être Italiens ou tout au moins d'être réunis sous le sceptre d'un roi italien ?

« Non, il faut bien le dire, la Maison de Savoie n'était pas encore devenue italienne ; sa puissance et sa capitale étaient en Savoie ; la donation fut faite à Amédée VII, dit le comte Rouge, qui tenait sa cour à Chambéry et il est évident que l'intention des Niçois fut alors de se réunir à un prince savoyard, à un prince de langue française, à un prince qui habitait du même côté des Alpes qu'eux-mêmes...

« Pour constater la nationalité d'en peuple, je ne pense pas qu'il faille recourir à des arguments philosophiques ou à des recherches scientifiques : ce sont des faits qui tombent sous les sens et appartiennent à l'appréciation de tous les individus...

« *Quelle est la preuve la plus forte de la nationalité d'un peuple ? C'est le* langage. *Or l'idiome parlé à Nice n'a qu'une analogie très éloignée avec l'italien ; c'est le même qu'on emploie à Marseille, à Toulon, à Grasse. Celui qui a voyagé en Ligurie trouve que la langue italienne se conserve dans ses modifications et ses dialectes jusqu'à Vintimille. Au delà c'est comme un changement de scène, c'est tout un autre langage.*

« *Je ne conteste pas qu'à Nice les personnes aisées n'aient l'habitude d'apprendre l'italien et ne puissent faire usage de cette langue, mais dans les conversations familières, les Niçois ne se servent pas de l'italien ; ils parlent le provençal ou le français.*

« *Non, Nice n'est pas italienne ; je le dis avec une entière conviction.* »

NOTE I

REMARQUES DE LANGUE ET DE GRAPHIE

Un caractère des parlers de la *langue naturelle d'oc*, c'est leur étroite parenté. Vocabulaire et traits morphologiques sont à peu près identiques : qui connaît bien l'un de ces parlers passe facilement à un autre au moyen de deux ou trois règles ou *clefs* généralement très simples. On peut dire que l'*unité* de la langue d'oc dans son ensemble est donc très nettement accusée, et les lignes ou *zones frontières* qui la séparent de ses voisines peuvent se tracer assez facilement sur la carte.

Il n'en va pas de même lorsqu'il s'agit d'établir les limites territoriales de ces subdivisions plus ou moins arbitraires qu'on appelle *dialectes* et qui, représentant un classement presque entièrement artificiel, ne doivent être acceptées, à de rares exceptions près, que sous bénéfice d'inventaire [1].

A) On peut dire que, d'une manière générale, les parlers septentrionaux de la langue d'oc sont restés plus archaïques et qu'ils sont, d'autre part, caractérisés par la transformation en *ch* chuintante douce du *c* latin devant *a* et *o*. Les parlers méridionaux sont, au contraire, plus « évolués », plus modernes, et ils ont conservé, d'autre part, le son vélaire du *c* latin devant *a* et *o*.

La limite qui sépare ces deux ensembles coupe en deux parties inégales le Comté de Nice ; nous trouverons en conséquence dans la partie nord les formes : *lous chastelas (ciastelas)* [2], *las chabras, las chalanchas (cialancias)* (*lous* et *las* articles archaïques, *c* latin devenu *ch*), et dans la partie sud *li cabra, li calanca,* etc., (*li* art. moderne — *c* latin demeuré *c*).

B) *o* tonique provençal se prononce en diphtongue dans presque tous les parlers, et l'on entend *oue, oua, ouo*. Ainsi *ort* (jardin) s'écrira souvent *ouort, ouart* ; *porta* (porte) s'écrira *pouarta, pouorta*. Nous trouverons ces différentes formes dans la nomenclature niçoise.

1. Voir note II, J).

2. Les formes entre parenthèses ( ) représentent les errements graphiques des documents de la région.

c) *l* et *r* placés entre deux voyelles ont à peu près la même prononciation roulée et dentale en provençal ; en sorte que dans l'écriture on les confond souvent ; ainsi rencontrerons-nous : *calanca* et *caranca*, *calignaire* et *carignaire*, etc.

D) *l* précédée de *a*, et suivie d'une autre consonne se prononce souvent *r*. Aussi trouverons-nous :

Alp et *arp*, *alpiha* (alpiglia) et *arpiha* (arpiglia), *calmela* et *carmela*, *balma* et *barma*, etc. *barcan* pour *balcoun*, balcon, à Menton. Les francisants indigènes disent d'ailleurs en *français* (?) : *parmié* pour *palmier*, *arcol* pour *alcool*, *barcon* pour *balcon*, etc.

E) La terminaison féminine latine *a* est demeurée *a* en vieux provençal, et, encore aujourd'hui, dans certains parlers de langue d'oc, tels que ceux de Montpellier et de Nice. Dans la plupart des autres, *a* s'est généralement transformée en *o*. Le provençal littéraire moderne a adopté cet *o* à la règle. Mais on voit qu'il n'est point nécessaire de faire intervenir l'italien pour expliquer la féminine *a* sur les cadastres de la région niçoise ; encore que dans beaucoup d'endroits où le cadastre porte *a* on prononce *o* ; dans le haut Var et la haute Tinée, par exemple, où l'on trouve écrit *las planas*, *las vachas*, et où l'on prononce *las planos*, *las vachos*. A Lantosque comme à Saint-Etienne de Tinée comme à Puget-Théniers on dit d'ailleurs *la fremo*, et non *la frema*, etc.

F) Une des caractéristiques des parlers de la région, commune d'ailleurs avec d'autres parlers de la langue d'oc, est de faire tomber ou d'échanger les consonnes intervocales ; ainsi :

Gléisa, église, devient *gléia* ; *malurousa*, malheureuse, *maluroua* ; *pradel*, petit pré, *praël* ; *causa*, cause, chose, *cauva*, *caua* et *cava* ; *clusa*, cluse, *clua* ; *pujada*, montée, *puada* ; *albareda*, lieu planté de peupliers blancs, *albarea* ; *bleda*, blette, poirée, *blea*, etc.

G) Dans la région mentonnaise on constate certaines particularités :

1° *l* appuyé devient *i*, comme en italien et dans certains parlers de la haute Provence :

Ainsi *plan* devient *pian* ; *clot* devient *quiot* (chiot), etc.

2° La féminine *ada* se change en *aia* ; ainsi *mountada*, montée, devient *mountaia* ; *puada*, montée, devient *puaia* ; *tourtihada*, *tourtihaia*.

3° La terminaison latine *ellum*, en langue d'oc *èl* et *éu* (*èou*), devient *é* ; ainsi *castèl*, *castéu* devient *casté*, etc.

n) Dans le haut Comté, la féminine *ada* devient *au* (prononcé *aou* d'une seule émission de voix) :

Costa pelada, côte pelée, devient *costa pelau* ; *rata-penada*, chauve-souris, devient *rata-penau*, etc.

i) Afin d'éviter dans le Vocabulaire des répétitions continuelles, nous donnons quelques indications sur les désinences de dérivation des mots en langue d'oc, désinences qui se retrouvent toutes dans la région de Nice.

AUGMENTATIF. — Masc. *as*, fém. *asso (assa)* :
    Adré — adrech, augm. *adrechas (adreccias)*.
    Alp — arp, augm. *alpassa, arpassa*, etc.

DIMINUTIF. — 1° Masc. *oun*, fém. *ouno (ouna)* :
    Adré — adrech, dim. *adrechoun (adreccion)*.
    Alpiho — arpiho, dim. *arpihoun (arpioun)*.
    Béuro, dim. *béurouno*, etc.
    2° Masc. *et*, fém. *eto (eta)* :
    Alp — arp, dim. *alpet, arpet, alpeto, arpeto*.
    3° Fém. *iho (iha)* :
    Alp — arp, dim. *alpiho, arpiho*.
    4° Masc. *Airóu, eiróu*, fém. *airolo, eirolo (airola)* :
    Blacho, dim. *blacheiróu, blacheirolo (blaccirola)*.

PÉJORATIF. — Masc. *astre*, fém. *astro (astra)* :
    Óulivié, olivier, péj. *óulivastre*, olivier sauvage.
    Plano, plaine, péj. *planastro*, plaine stérile.
    Roubino, péj. *roubinastro*, etc.

DÉRIVÉS. — *ié*, fém. *iero (iera)* :
    Ourtigo, ortie ; *ourtiguié, ourtiguiero*, lieu où croissent
      les orties.
    Genèsto, genêt ; *genestiero*, lieu couvert de genêts.
    Roumego, ronce ; *roumeguié, roumeguiero*, etc.

Nous devons enfin observer que les noms ont été souvent, mais pas toujours (ce qui complique encore la lecture), transcrits suivant des règles qui rappellent l'orthographe italienne. Cette graphie n'est pas traditionnelle à Nice, ou du moins n'y est que de tradition relativement récente. Jusque vers la fin du XVII° siècle, les rares documents dialectaux existants conservent, plus ou moins pure, la graphie des

Troubadours, et les nouveaux écrivains en parler niçard se sont ralliés récemment à cette tradition fondamentale en répudiant l'orthographe italienne.

Quoi qu'il en soit, nous trouverons fréquemment employée cette dernière concurremment avec l'autre; il conviendra d'en tenir compte en lisant les cartes.

Au demeurant, que les noms de la région soient orthographiés à la provençale ou à l'italienne, ils sont reconnaissables entre tous et de langue d'oc incontestable.

NOTE II

SUR LA "PROVENÇALITÉ"[1] DES PARLERS NIÇARDS

La conception d'un "dialecte" particulier au Comté de Nice est chimérique.

Nous nous bornerons à indiquer ici quelques-uns des signes linguistiques les plus apparents de la provençalité des parlers niçards.

A) La vocalisation des dentales placées en latin après *a* et *e* :

Patrem,	*paire,*	fr. père,	it. padre.
Matrem,	*maire,*	mère,	madre.
Petram,	*péiro,*	pierre,	pietra.
Credere,	*créire,*	croire,	credere.
Sedere,	*séire,*	seoir,	sedere, etc.

Ce caractère est commun à tous les parlers de la langue d'oc, et, en particulier, à ceux de la région niçoise. Les dialectes italiens voisins ne présentent pas cette caractéristique.

B) La terminaison *aire* et *èire* des substantifs ou adjectifs verbaux désignant celui qui fait l'action exprimée par le verbe :

Cantator,	cantaire.
Piscator,	pescaire.
** Bibitor,*	bevèire, etc.

----

1. *Provençalité* opposé à *italianité*, est pris ici dans le sens général de langue d'oc.

* Nous désignons, suivant l'usage, par ce signe les formes reconstituées par induction.

Ces formes issues du cas sujet sont particulières à la langue d'oc, qui admet aussi les formes issues du cas régime (alors que les dialectes italiens n'admettent que ces dernières) :

Piscatorem, prov. pescadou, it. piscatore.
Muratorem,   muradou,   muratore, etc.

En vieux provençal ces formes étaient :

Pescadour, muradour, etc.

Dans le haut Comté de Nice, le *d* intervocal est tombé ; on dit *muraour, balaour, pissaour* pour *muradour, baladour, pissadour*. Sur le littoral, c'est la forme ordinaire du provençal moderne qui a prévalu : *muradou, baladou, pissadou,* etc.

c) La transformation en *ch* chuintante douce (ts, tch, tchi), des groupes intervocaux *ct, pt* :

Noctem,   nuech et nioch.
Fructam, frucho.
Octem,   vuech.
Drictam, drecho.
Scriptam, escricho, etc.

Ce caractère est commun à tous les parlers d'oc, à l'exception de ceux de la région toulousaine et de la Gascogne, pour lesquels la transformation palatale n'a pas eu lieu.

Le traitement des dialectes italiens est tout différent : *notte, otto, frutta,* etc.

D) Le traitement des désinences latines : *anicus, a, um ; enicus et inicus, a, um ; onicus, a, um.*

Ces désinences ont pris d'abord la forme (1) *anegue, a ; enegue et inegue, a ; ounegue, a,* en gardant la tonique sur l'antépénultième. Cette forme et ses analogues sont caractéristiques des parlers italiens.

Les parlers d'oc ayant une tendance marquée à supprimer les proparoxytons, la forme caractéristique de ces parlers s'est contractée en (2) *argue, a ; ergue, a ; ourgue, a ;* et (3) *ange, a ; enge, a ; ounge, a.* Toutes les fois que la forme (1) a subsisté en langue d'oc, l'accent s'est transporté sur la pénultième, créant ainsi une forme bâtarde (1 [bis]).

Dans les pays d'oc, les formes (2) et (3) sont les formes types ; la forme (1 [bis]) se rencontre à l'état d'exception.

— 25 —

Ainsi *foumargue* et *foumanegue*; *mourgue, mounge* et *mounegue*; *mourgo, mounjo, mounego* et *mounigo*, etc.

Il en est exactement de même à Nice où la forme (2) est le type comme en provençal, forme inconnue aux dialectes italiens voisins; nous rencontrons :

(2) *Mounargue, piemenargue, coundinargue, camarga, mourgue, mourga, canourgue*, etc.

Et parfois :

(1) *Mounegue, mounega, mouniga, pessegue*, etc.

Ici la forme (1) garde l'accent sur l'antépénultième, soit par influence italienne, soit par simple archaïsme provençal.

E) *Qu* et *gu* latins gardent leur élément semi-vocal *ou* dans tous les parlers piémontais et génois; ils la perdent dans ceux de Nice, phénomène caractéristique des langues d'oc et d'oui [1].

F) Sauf dans les parlers des environs de Menton, la vocalisation en *chi, ghi, bi, pi, fi*, de *cl, gl, pl, fl*, caractéristique des parlers italiens, est inconnue dans la région niçoise. On dit : *clar* et non *chiaro* ou *chiar, glas* et non *ghiaccio* ou *ghias, blanc* et non *bianco* ou *bianc, plan* et non *piano* ou *pian, flour* et non *fiore* ou *fior*, c'est-à-dire qu'on suit la règle générale des parlers d'oc. Règle dont les exceptions (dans le Diois, par exemple, ou *clau* devient *cliau*; *glas, glias*, etc.), se constatent en des points éloignés du groupe niçard.

G) Les parlers niçards ont toujours l'*e* fermé provençal là où le piémontais a *ei* :

Piemountés au lieu de *piemounteis*.

H) Les formes du pluriel sont identiques aux formes provençales archaïques ou modernes; elles diffèrent absolument des formes génoises ou piémontaises :

La dona fait *li dona* ou *las donas*,
Lou paire fait *lu paire* ou *lous paires*, etc.

En italien : *la donna, le donne; il padre, i padri*, etc.

I) La jonction des pronoms personnels au verbe est purement provençale :

Se mira, nous mira,
au lieu des formes italiennes voisines : *mirarsi, mirarci*.

1. C'est ce qui explique qu'en voulant imposer à leurs parlers la graphie italienne, les Niçois fussent obligés d'écrire *gherra* pour *guerra*, *fighiera* pour *figuiera*, etc.

j) L'examen des paradigmes des verbes, ainsi que du vocabulaire, nous fournirait une multitude de traits aussi frappants que les précédents. Mais il convient de se borner.

Au demeurant, personne ne conteste plus aujourd'hui que les parlers niçards ne soient pas italiens (les journalistes parisiens mis hors de cause, bien entendu).

Quelques particularistes irréductibles caressent encore la chimère que ces parlers constitueraient une sorte de langue à part, intermédiaire entre l'italien et le provençal, qu'il y aurait, donc, une sorte d'idiome, de *dialecte* particulier à la région niçoise.

Les faits donnent à cette conception les plus abondants démentis, comme ils le font d'ailleurs pour les chimères analogues que certains provençalisants affectionnent encore.

On ne saurait trop saisir l'occasion de faire la guerre à cette conception de *dialecte régional*, telle qu'elle est généralement entendue.

Il est commode et bien conforme aux méthodes d'une éducation presque exclusivement verbale de dire que la langue d'oc se divise en plusieurs dialectes : le languedocien, le dauphinois, le provençal, etc. ; que chaque dialecte se subdivise à son tour en sous-dialectes; ainsi, le provençal se subdiviserait en rhodanien, marseillais, alpin, niçois, etc. L'examen le plus superficiel des faits réels ruine sans délai comme sans remède cette manière trop simpliste de cataloguer un ensemble de phénomènes touffus et complexes.

S'il y avait réellement *dialecte régional*, comme on l'entend, on devrait constater que les parlers d'une même région dialectale sont apparentés par les traits de ressemblance les plus essentiels. Or, il n'en est presque jamais ainsi. Sans nier absolument l'influence du voisinage, on constate partout que ce n'est pas lui qui favorise les ressemblances les plus fortes.

Comment, d'un type primitif à peu près un, les formes dérivées ont-elles évolué dans un sens plutôt que dans un autre? comment se sont-elles plus ou moins différenciées au point de vue de leur distribution géographique? C'est là un problème dont la solution n'est pas près d'être établie. On peut soupçonner toutefois que le milieu topographique, économique, ethnique peut-être, y est un facteur autrement important que le voisinage, quand on retrouve les mêmes particularités typiques, par exemple dans le haut Comté de Nice, dans la Drôme, dans les Cévennes, dans le Limousin. Il est bien évident que les parlers du haut Comté avec leurs formes : *lous orts, las donas, las calancas, las figuieras,* et *las chalanchas, las chabras, las vachas* [1], etc., sont bien plus proches parents des parlers du Diois, du Languedoc, du Limousin, où les formes sont identiques, que des parlers du littoral niçois dont les formes : *lu* ou *li ort, li calanca, li figuiera, li cabra, li vaca,* sont les mêmes que celles de la basse Provence en général.

En ce qui concerne le vocabulaire, il serait facile d'établir des constatations tout à fait analogues.

La conception d'un dialecte ou sous-dialecte régional niçard est donc tout aussi gratuite que celle d'un dialecte languedocien, d'un dialecte dauphinois, etc.

En dernière analyse, il n'y a que deux ordres de faits dont la positivité paraisse évidente : d'une part, les parlers locaux (auxquels on pourrait réserver la qualification de *dialectes*) plus ou moins archaïques; d'autre part, une ''masse linguistique'' à laquelle ils se rattachent, que nous appelons, après Mistral, *langue naturelle d'oc,* et dont le provençal littéraire moderne est actuellement l'expression écrite la plus usitée et la plus mondiale. Que les parlers de cet ensemble puissent se grouper en familles, d'après leurs ressemblances essentielles, c'est conforme aux lois de leur évolution; mais, si l'on en excepte les parlers gascons-béarnais d'une part, catalans d'autre part, qui forment dans la masse d'oc deux ensembles assez nets pour qu'on puisse leur assigner des frontières régionales, il faut reconnaître que les groupements dont nous parlons n'ont la plupart du temps rien de régional, et que c'est, en général, perdre son temps que de poursuivre les limites territoriales chimériques de tel ou tel dialecte ou sous-dialecte d'oc, ainsi qu'on l'a fait, ainsi qu'on le fait parfois encore.

---

1. Dont la prononciation est, d'ailleurs, ici comme en Languedoc : *Las calancos, las figuieros, las vachos,* etc.

VOCABULAIRE

des termes les plus généralement employés pour les noms de lieux
du Comté de Nice

AVANT-PROPOS ET INDICATIONS GÉNÉRALES

Dans cet essai très sommaire, qui ne peut avoir d'autre prétention que de servir de cadre à une étude plus générale et plus complète, nous avons adopté la méthode suivante, que nous n'avons d'ailleurs pas toujours pu suivre complètement :

1°) Relever les noms des feuilles des plans cadastraux et des différentes cartes de la région. (Nous n'avons pu étudier que les cadastres de 40 communes, mais nous avons choisi ces communes en différents points caractéristiques du pays.)— Première indication topographique tirée des plans et des cartes.

2°) Enquête sur les lieux. Examen et comparaison topographique. Interrogatoire des habitants.

3°) A défaut d'enquête sur les lieux, demandes écrites de renseignements aux maires, qui nous ont en général fourni de bonnes indications. Nous leur en exprimons ici nos sincères remerciements.

4°) Mise au net et au point des renseignements au moyen du *Tresor dóu Felibrige* et autres documents linguistiques.

Pour laisser à la publication actuelle le caractère portatif d'un Guide, nous ne pouvions songer à publier pour chaque terme la monographie inductive qui résulte de la méthode ci-dessus. Nous avons tiré parti de l'existence du « vulgaire illustre » mistralien, que nous avons pris chaque fois pour type de comparaison.

Le mot en *minuscules grasses* est donc le type du provençal littéraire moderne ou « vulgaire illustre » mistralien, avec finale féminine en *o*. — Les mots en petites capitales entourés de parenthèses ( ) indiquent les formes orthographiques de la région, la plupart avec féminine en *a*. Les mots en italiques indiquent les dérivés. Les mots entre parenthèses ( ) sont les formes relevées sur les cadastres ou les cartes. Quand ces mots ne sont accompagnés d'aucune indication spéciale, ils

proviennent du cadastre. On ne les accompagne du nom de la commune
que dans les cas particuliers, afin de ne pas surcharger la rédaction.
Les mots suivis de l'indication — C — sont pris dans les cartes et ont
la même forme dans la plupart d'entre elles. Les abréviations :

— C. H. — signifie Carte en hachures au 1/80000.

— C. C. — signifie Carte en courbes 1/80000.

— C. 1/100000 — Carte des travaux publics en couleurs (Elle repro-
duit presque toujours les noms de la — C. H. —).

— C. I. — Carte itinéraire bleue des Chasseurs alpins, dite de Grand-
maison.

    — C. S. — Carte de l'état-major sarde 1/50000.

    — C. A. M. — Carte du département des Alpes-Maritimes du
service des Ponts et Chaussées au 1/125000.

Les mots entre crochets [ ] indiquent les noms correspondants
ou à conférer des régions voisines et du Midi en général. Cette confron-
tation très importante (car elle fait toucher du doigt l'unité de la
langue d'oc) peut être faite pour tous les mots. Afin de ne pas alourdir
le texte, on n'en a donné que quelques exemples.

Les sens qui ont été recueillis se trouvent presque tous, avec toutes
leurs nuances, dans le *Tresor dóu Felibrige*. Il eût été quelque peu
outrecuidant et puéril de changer la moindre des choses au texte
consacré de ce Trésor. Nous y avons parfois fait quelques additions
sans grande importance pour indiquer certaines nuances qui nous
paraissent particulières à la région. C'est donc à Mistral qu'il faut
reporter la valeur de ces pages, petite ou grande ; c'est à lui seul qu'en
ces matières on peut dire avec assurance :

    « *Tu se' lo mio Maestro e il mio Autore.* »

Abadié (ABADIA, ABASIA). Abbaye. (L'Abadie). [Fréquent dans le
Midi].

Abri — Abric — Abrig. Abri, lieu chauffé par le soleil. (L'Abric,
Abrigh, La Bric, La Brigue).

Aclap V. CLAP.

Adou. Désinence indiquant celui qui fait l'action marquée par le verbe
(voir note II), vient de *Ador — Adour* qui est devenu *Aour* dans
le haut Comté. (Balaour, Balaur — C —, Pissaour, Muraour — n.
de fam —, Ciambalaur — C 1/100000 —, Sᵗ-Salvador, G. di Viraoürg
— C. I. — pour G. du Viraour —.)

Adous — Dous. Source d'eau douce. (R de l'Adous ¹ La Duce, La Douce, Source des Adousses, etc.) [Très fréquent dans le Midi].

Adré — Adrech. Côté d'une montagne exposé au midi ; versant méridional ; c'est l'opposé de *Uba — Ubac* et de *Avers*.

(Adré, Adrech, Adreccias pour Adrechas, Adrette, Adres, Adrecia Ladrechas, Adreccion pour Adrechoun, La Drech, etc.) [Très fréquent].

Afous. Excavation, abime, débouché d'une rivière à travers le cordon littoral, embouchure.

(On dit : l'Afous de Païoun — l'embouchure du Paillon.)

Agréu — Gréu. Houx, grand houx, dont le fruit se nomme *gréule*.

(la Greou, la Greo, Pas de l'Agreo — C —, Les Grèles.)

Ai (AE) V. ASE.

Aigo. Eau. *Aigous — Eigous* — Aqueux.

Aiguèstre — Eiguèstre — Humide, aqueux.

Aigo-vers — Arête, ligne de partage des eaux.

Aigo-pendént — Versant.

(L'Aigue, les duc Aighe, Aigua, Aiga-nera, Aigaversa, etc.) [Très fréquent].

Aire — fém. *Airo, Airis, Arello*. — Désinence indiquant celui ou celle qui fait l'action marquée par le verbe. (V. ADOU, et note II.)

(St Sauvaire, Salvaire, St Salvaire, La Vacaire, Vaccaïris, Gr. de Calignaire — C H —.)

Alanseto — Alauveto — Lanseto — Laneto — etc. Alouette.

(Lausetta, Lauzetta, Losetta, La Lalouetta, Lauvet, Lausette, Les Lauettes, Louvette.) — Dérivation possible de LAUSA (V. ce mot).

(ALBAREA) — V. AUBAREDO.

(ALBERA) — V. AUBE.

Amarin — Amarino. — Osier, saule des vanniers. (Les Amarins, Les Amarines.)

Amelanchié — Amelenquié. — Amelanchier, Arbrisseau. (Melanciera.)

Amourié — Mûrier.

Amouro. — Mûre.

(L'Amourié, Las Amoras, etc.)

Aour — Désinence. V. ADOU.

---

1. *Le Ruisseau de l'Adous* (Com. de Marie) alimente le ruisselet d'*Aligone* près du hameau d'*Ullion*. On a nommé officiellement cet adous : *Source d'Oglione*, la carte sarde indiquant *Oglione* pour *Ullion*.

Areno — Arène, menu sable.

Arenié — Areniero — Arenas — Lieux pleins de sable.
(L'Arenas, les Arenasses, l'Areniera).

(ARP — ARPETA — ARPIGLIA) — V. AUP.

Ase — Ai — (AE). — Ane.
(Pas de l'Ase, Pas de l'Ai, P**te** Coesta de l'Ase — C A M —.)

Aubaredo — (ALBAREDA, ALBAREA). — Lieu planté de peupliers
blancs). (Albarea, Albaretta, Albaret, etc.).

Aubo — Albe. — Adj. inusité, blanc, entre dans la composition de
quelques mots : [Aubespin, Peiro-Aubo, Aubo-Roco, Albespeiro, etc.]
Dér. — *Aubo — Albo* — Peuplier blanc.
Aubero — (ALBERA). — Tremble, arbre.
(Albera, Alberas, etc.).

Aup — Alp — Arp — Alpe, haute montagne particulièrement propre
à faire paitre les troupeaux.
*Aupet — Alpet — Arpet — Aupiho — Alpiho — Arpiho —
Aupasso — Alpasso — Arpasso.*
(L'Alp, l'Arp, l'Arpe, Alpet, Arpetta, Alpiglia, Arpiglia, M**t**
d'Arpasse — C, au sud de Levens —.)

Auro — Vent.
Aurous — Où il fait du vent.
(Laurabuona — Utelle.)
[Col de Toutes-Aures, entre Annot et Vergons, B-Alpes].

(AURIERA, AURIERAS) V. OURIERO.

Autar — *Autaret* — Autel, petit autel?
(L'Autaret, le Lautaret, Lautares, etc.).
[Col du Lautaret, entre Briançon et Bourg d'Oisans ; l'Authäret,
B. Alpes, etc.].

Autié — Altié — (ARTIÉ) Altier.
(V**co** dell'Autié — C I —, L'Artière, Pigotier = Pigautier, pour
pueg-autié, puy altier).

Avelan — Aveline, noisette.
Dér. — *Avelano — Aulagno — Auragno* — Noisette.
Avelanié — Avelaniero — Noisetier.
Avelaniero — Avelanedo — (Avelanea) Coudraie.
Avelanet — Variété d'olivier.
(L'Avelan, Les Avellans, La Vellanée, Aulagne, Aulagnas.)

Aven — *Aveno* — Abîme, trou dans la terre où vont se perdre les eaux.
   Dér. Avena, alimenter une source.
         Aveno, nom de rivière fréquent dans le Midi.
   (Avenc, Avenquet, G^r de l'Avenquet — Moulinet —, G^r di Ven-
      chetta, défiguration sarde du précédent, consacrée par les cartes
      françaises).

Baïle — Maître valet, chef de travailleurs, conducteur de travaux,
   gouverneur, régent, bailli.
   (Lou Baïle, Vers lou Baïle, Bayle).

(BALAOUR) — Danseur. V. ADOU.

(BALMA, BALMETA). V. BAUMO.

Baragno — *Baragnoun* — Échalier, haie, clôture.
   (La Baragna, Baragnon.)

(BARMA, BARMETA). V. BAUMO.

Barrai — Enclos, palissade.
   (Lai Barrai — Peille).

Bassiero — Bas fond. (Bassera.)

Bauco — Nom qui désigne diverses plantes gazonnantes, que les
   paysans emploient comme litière.
   Dér. Baucous, couvert de *bauco*.
         Bauquiero — Lieu couvert de *bauco*.
   [Pra bauquous — C H d'Antibes].

Baumo — **Balmo** — **Barmo**. Grotte, antre, paroi verticale de rocher.
   (Bauma, balma, barma, beaumo, barmetta, balmassa, etc. — Très
      fréquent —)

Baus — **Bau** — **Bals** — **Bausse** — Rocher escarpé dont le sommet
   est plat, falaise, promontoire.
   (Baus, Bau, Baouss, Beausset, Bausset, Baousset, etc. — Très
      fréquent —)

Bè — **Bèo** — Bec, contrefort de montagne saillant dans la vallée.
   Promontoire.
   (Bec, Becoas, Becco)

(BECCAS). V. BÈ.

Begudo — V. BÈURE.

(BÈURA, BÈULA, BEOLA, BEVERA). V. BÈURE.

Bèure — Boire.
   Begudo — Bue, et, pris substantivement : buvette, guinguette
      sur la route, abreuvoir pour les troupeaux.
   Bèuro — (Bèula, Beola, Bevera). Source, ruisseau.
   Bèuroun, Bèurouno, Bevèiro, Beveiroun. — Nom de ruis-
      seaux dans le Midi.
   (La Begude, Bèura, Bèula, Bevera, Bèurol, Béole, Font de Bèula, etc.)

Blaco — **Blacho** — (Blacia). Ramée de chênes blancs, bois taillis de chênes ou de châtaigniers.

Blaquiero — Blachiero — (Blaciera). Chênaie.

(Blaquet, la Blache, la Blaccia, Blacia ; Blachiera, Blaquière, Las Blacieras, Blacière, Blaccirola pour Blacheirolo, etc. — Très fréquent —)

Blacho — (Blacia, Blaciera). V. Blaco.

Blai — Erable à feuille d'osier.

(Le Blai, source du Blai.)

Blau — Bleu [vieux].

Blave. — Livide, blafard, blême.

(Gourblaou pour Gourg-Blau ; le même, dans la C H : Gorblan.

Font du Blave — C C) — [Cime du Blave, près d'Oulx, vallées vaudoises].

(Blea). V. Bledo.

Bledo — (Bleda, Blea). Poirée, bette, plante potagère.

(Col de la Blé — C —, Baissa du Blé, pour le précédent — C A M —, Caga-Blea, sobriquet des Niçois).

(Bordinas — Bourdinas). V. Bordo.

Bordo — Ferme, métairie, maison rustique en Toulousain, Gascogne, Béarn, Limousin.

Dér. — Bourdino ?

(Las Bourdinas — hameau de Châteauneuf —, Baissa de Bourdinas). L'équivalent provençal actuel de Bordo est *bôri, bôrio.*

(Bouche). V. Bouco.

Bouco — **Boucho** — Bouque, bouche, passe, débouché, défilé.

(Bouche de Jausserand, Bouches de Beccas, Bouchenière, Bouche ou Baisse de Souliera, etc. — Fréquent —.)

Bouis — **Bouisso** — Buis, arbrisseau.

(Pas de la Bouisse).

Bouscarlo — Fauvette (Bouscarle).

(Bousieya). V. Bousigo.

Bousigo — **Bousio** — **Bouigo** — Friche, pâtis, champ nouvellement défriché. (Bousieya ?)

Bramo-fam — Au propre : bramo-faim, personne avide, affamée.

— Pâturage maigre, de mauvaise qualité (Rⁱᵃ de Brama-Fam ; Tour de Bramafam).

Brau — Subs. Taureau, lous Braus, les taureaux.

Brau, bravo — adj. dur, sauvage, féroce, rude.

(Petit et grand Braus, col de Braus — C —)

Brè — **Brèc** — **Brenc** — **Bric** — **Brinc** — benc — Sommet escarpé de forme conique ou pyramidale. Rocher terminé en pointe d'aiguille.

(Le Brec, Les Brechs, M* Brec, Le Brec d'Utelle — C — dit aussi, à Lantosque : Lou Benc.)

Brous — (BROUIS). Broussaille.

(Col de Brouis — C —)

Cabanau — **Cabanal** — **Chabanau** — **Chabanal**. — Cabane où l'on abrite les troupeaux.

(Cabanal, Ciabanal, Ciavanal).

Cadiero — Chaise ; montagne dont la forme rappelle une chaise ?

(M^{gne} de la Cadière — C —) peut-être : corruption de *Cadeniero*, lieu planté de genévriers — *cade*.

Cagarello — Schistes marneux qui s'effritent, qui s'éboulent ; éboulis.

(Les Cagarelles).

Caire — Coin, angle, pierre angulaire, carré.

Dér. Cairous — Queirous — Cheirous, lieu pierreux.

Cairoun — Queiroun — Cheiroun, bloc de pierre ; *augm. : Cairounas. Cairas — Queiras*. Gros *caire*.

(Caire gros, Caire petit — Une carte indique : Petit Caire gros — Caire Velus, Tête des Caïres, V^{on} de Cairos, Cairosina, T^{te} de Caïrons, R^{ca} Cairon, Caironas du Ters, etc. — Fréquent) [Le Cheiron, Le Queyras].

Calanc — Escarpement, pente abrupte.

Dér. Calanco — Caranco — Chalanco — Chalancho.

Pente raide qui sert de couloir aux avalanches, pente pour faire rouler les bois ; flanc raviné d'une montagne, et, sur le littoral : Crique, anse, calc, petit port.

(Calanca, Caranca, Calancia, Cialancia, Calanque, l'Acalancke, Cialancion, Cialancier, Cialancias, Chalanches, Scalancas — pour : as Calancas — Callancios, etc. — Très fréquent).

Calignaire — **Carignaire** — (v. AIRE) Amoureux ; de *caligna*, caresser, conter fleurette (Gr. de Calignaire — C —).

(CALMETTA, CARMETTA), v. **Caume**.

Camous — Chamous — Chamois.

*Dér. Camousso — Chamousso; Camoussiero — Chamous-
siero; Chamoussihoun.*

Noms de montagnes fréquentées par les chamois (Chamoussa,
Ciamossa, Chamoussillon, Ciamossiera).

[Le Chamoux — Dauphiné. — R^ca Camoussa — près de Chiusa
di Pesio. — Les Chamousses, cimes que l'on aperçoit du
Ventoux].

Campas — Champas — Champ inculte, friche, lande.

(Campas, Ciampas, Campasse, Chiampasso, etc. — fréquent).

Campino — Champino — Champ maigre, mauvais terrain.

(Chiampine, Ciampinasses), [La Campine — Flandre].

Candourié — Candoulié — Chandoulié — Très froid, qui couvre
la terre de frimas ; jour de gelée blanche.

(Tête d'Escandolier — pour T. des Candouliers? — Mr Chandou-
lières ? — C. A. M.).

[Candouliero et Chandouliero — Gard. — Escandolières —
Aveyron].

Canebe — Chanebe — Chanvre.

Dér. Canebié — Chanebié, Canebiero — Chanebiero ; Chene-
vière, lieu où l'on trouve du chanvre.

(Les Chanabiés, Las Canabieras, La Cianabieras).

Cano — Roseau cultivé, canne de Provence.

Dér. Canié, lieu planté de cannes. — Canavéro, canne de
Provence.

(Le Canier, Les Canaveras).

Canto-loubo, canto-perdris — Lieux où chante le merle, la perdrix.

Canto-merlo ; lieu hanté par les louves.

(Cantamerlo, cantaloube).

Cap — Cau — Tête, cap, promontoire.

(Cauférat, pour Cap Ferrat — C —).

Caras — Masure, ruines, décombres, épaves.

Carras — Haquet, fort chariot, sorte de pont-bois qu'on jette sur
une rivière pour lever les laines ou puiser de l'eau,

(Quartier de Carras à Nice; P^te de Carras, montagne — C.A. M.).

Caravèu — Caravèl — Caraviéu — Creux, conque.

(Caravieia — Sospel ; Caravèu, Caravel, noms de famille à Nice).
[Lou Caravèu, ruisseau près de Marseille].

Carementrant — Carême prenant ; mannequin qu'on promène
dans les rues le mercredi des Cendres, et qu'on brûle et qu'on jette
à la rivière après une procédure grotesque. C'est la personnification
du Carnaval — Personne de haute taille et de forte charpente.
(P^te de Caramentras — Guillaumes.) — [M^gne de Caramantran ou
M^gne du Géant — Hautes-Alpes].

Casse — Chêne de futaie.
Dér. Cassagno — *Chassagno* — (*Ciassagna*), chênaie, forêt de
chênes.
(V^on de Cassagna, R^in de Ciassagua) [1].

Cast, Castre — **Chast, Chastre** (*Ciast, Ciastre*) — Bercail,
enclos formé avec des claies pour enfermer des brebris ou des
agneaux.
Encastre — *Enchastre*, même sens (Castres, la Ciastre,
l'Enchastraye, Encastres, etc.) [Fréquent dans les Alpes].

Castelar — **Chastelar** — Bourg, château-fort.
(Castellar, Ciastellard, Ciastellaron, etc. fréquent).
[Castelaras, près de Grasse].

Cau. — V. CAP.

Cau — **Chauve** — **Chalve** — **Charve** — Chauve, dénudé.
[Pour *Cap*, v. ce mot].
(Mount Cau, désignation populaire — Mont Chauve, Picciarvet
pour : Pic Charvet, etc.).
[P^ta Chalvet, près de Suse].

Cauca — **Chaucha** — Fouler les gerbes, les raisins, la terre.
Dér. Caucado — Airée de gerbes.
(Caucada, près de Nice).

Caudan — **Chaudan** — *Dér. caudano, chaudano* — Eau de
source qui paraît plus chaude en hiver qu'en été.
(Caudana, Chaudan, Ciaudan, Ciodano, etc.)

Caumo — **Calmo** — **Carmo** — **Chaumo** — **Chalmo** — **Charmo** —
Plateau rocheux qui domine une montagne.
(La Carmette, La Charmette, La Calmette).
[Mt Ciarmetta, près de Suse].

Caupre — **Calpre** — Charme, arbre.
(Le Calpre).

---

1. Les mots *casse* et *cassagno*, très usités dans la région de Toulouse, sont inusités dans
la région de Nice et ne se retrouvent que dans les noms des lieux. Leur sens échappe
aux habitants.

Caus — **Chaus** — Chaux.

> *Dér. Causse*, plateau calcaire qui surmonte une montagne —
> *Caussiniero* — *Chaussiniero*, four à chaux.

> (Caussimagne, Caussinière, Caussiniera, Cioussiniere, etc. —
> assez fréquent).

Cengle — **Cingle** — Corniche d'une falaise, chemin taillé dans les
rochers escarpés.

> (Serre Cingle, Los Sengles).

> [M^{se} du Cengle, près d'Aix-en-Provence — Los Cingles de Canigò
> — Roussillon].

Cerieso — (CERIÉIA, CIRIÉIA) — Cerise.

> (Cirieja — C —).

Chamous, Chamousso, Chamoussiero, Chamoussihoun —
V. Camous.

Champas, (CIAMPAS) — V. CAMPAS.

(CHANDOULIÉRES M^{t}) — V. CANDOURIÉ.

Chanebié, (CIANABIERA) — V. CANEBE.

(CHARMETTE, CIARMETTA) — V. CAUMO.

Chauve — V. CAU.

Cheiroun — V. CAIRE.

(CIABANAL, CIAVANAL.) — V. CABANAU.

(CIALANCIA) — V. CALANC.

(CIARVET [PIC-]) pour Pic Charvet — V. CAU.

(CIASSAGNA) — V. CASSAGNO.

(CIASTELLARD, CIASTELLARON) — V. CASTELAR.

(CIAUDAN), pour CHAUDAN — V. CAUDAN.

(CIRIEJA) — V. CERIESO.

Clap — **Aclap** — Eclat de pierre, sous-sol pierreux.

> *Dér. Clapié, Clapiero* — Amas de pierres.

> *Clapisso* — Lieu couvert de pierrailles.

> *Clapeirolo* — Petit amas de pierres.

> (Les Claps, l'Aclap, Clapes, Mt Clapier — C —, La Clapière,
> Clapiera, Les Clapieras, Clapissa, Serre de Clapeiruole — C —
> etc., fréquent).

> [Le Claps de Luc — Diois —. Fréquent dans le Midi].

Claus — Clos, enclos.

> (Claus, Les Claou — pour Les Claus —, Le Quiaus — Gorbio).

Claviero — Closerie, enclos.

    (La Clavière)

    [Clavières — Cantal].

Clot — **Clouot** — (CLUOT) — Lieu plat, à superficie uniforme, plateau.

    (Les Clots, Lou Clouot, Cluot de Nivolla, qu. et ravin d'Asclos — pour : as Clots).

Cluso — (CLUSA — CLUA) — Défilé, paysage resserré, traversant perpendiculairement un chaînon montagneux.

    (Les chiuses de Bauma-Negra et de Saint-Jean-la-Rivière — C —. Ce nom de *chiuse* est inconnu dans le pays où l'on dit *Clusa* ou *Clua*. Pourquoi donc italianiser de propos délibéré des lieux dont le nom n'a absolument rien d'italien ?)

Co — **Encô** — **Acô** — Chez.

    (Co de Cheylan, Co de Fourcias, Codampolet — pour : Co d'En Paulet —, Aco de Martin, Acco de Condrian, etc.).

    Locutions qui sont devenues des noms de lieux.

Code — Caillou, galet.

    Dér. Coudouliero, lieu plein de cailloux roulés.

    Coudoulous, caillouteux.

    (Condolieras, Codolis).

Colo — Colline, montagne. Italien *Colle*.

    (Colla, Cuolla, Couola, Couala, etc, fréquent).

Concho — V. CONCO.

Conco — **Concho** — Terrain creux, bas-fond, lieu où l'eau est profonde et immobile.

    (Las Concas, La Conche, Le Conquet, etc.).

    [Fréquent dans le Midi].

Costo — Côte, rampe, penchant d'une montagne.

    Dér. Coustiero — Côtière, suite de côtes, versant, littoral.

    (Costa, Couasto, Couosta, La Coustiere. etc., fréquent).

Côu — **Col** — **Couol** — Col, dépression. — Italien, *Collo*.

    Dér. Collet, petit col, et, surtout dans la région : petite colline, monticule — ital., *colletto*.

    (Le Col de l'Olmo, le Col de Braus — C —, Le Collet des Bœufs — C —, etc.).

Coucagno — Pays imaginaire où tout vient à merveille.

    (Pie de Coucagne).

Couié — Etui de faucheur terminé en cône.

(Baisse de Cuglier — C I —).

[Le Grand Coyer, montagne, Basses-Alpes].

Coumbo — Combe, vallée profonde et réservée.

(Combe-escure, Combe-maure, etc.).

Coundamino — *Condominium* — Seigneurie indivise, champ franc de toute redevance, terrain situé à côté d'une ville.

(Condamina, Condamine, Scondamina — pour : as Condaminas — etc., fréquent).

Couo-raso — Vieux prov. coa-rasa. Latin pop. cauda-rasa. (Coaraze, village).

[Se retrouve en Béarn : Coarraze, avec un proverbe :

« Gent de Couarraso
« De houec (fuec) e de braso. »]

Cros — **Crouos** — Creux, fosse, trou, bas-fond, terre labourable, [berceau].

(Cros de Castè, Vᵒⁿ du Cros, Cruoz, etc., fréquent).

[Cros de Cagnes, etc.].

Crous — Croix. — Ital. *Croce*.

(La Crous, Tres Crous, Très Cruz, etc.).

(CUGLIER) — V. COUIÉ.

(CUMINAL) — Forme archaïque de *Coumunal* — *Coumunau,* Communal.

(Cime de Prat Cuminal — Guillaumes).

Devens — Défens, bois en pâturage ou bois communal dont l'usage est réglementé.

Deveso. — Même sens, usité surtout en Languedoc.

(Devens, Devense).

Dono — Dame.

(Collet de las Donas).

Doui — **Douire** — Cruche, jarre.

Cf. avec DOUINO, n. de rivière. (Rᵃᵘ de Douina, et de Douinas).

[La Douyne afᵗ du Drot — Dordogne — La Dogne, branche de la Dordogne]. Cf. avec DOUIRO, n. de rivière.

[La Doire, riv. de Piémont et riv. du dépᵗ de l'Isère].

Douino — (DOUINA). V. DOUI.

Dous — (DUCE). V. ADOUS.

Dragouniero — Globulaire commune, plante ? Les habitants disent : demeure du Dragon.

    (Dragoniera, Dragouniera, Dragonnières).

Draio — Chemin rural, chemin gazonné, voie affectée aux passages des troupeaux, vieux chemin, voix romaine.

    (Draje, Drajes ; Draille de 10ᵐ de largeur, limitant les communes de Roubion et de Beuil).

Eissart — **Issart** — Terrain que l'on a essarté ; bois nouvellement défriché ; lieu défriché.

    (Issart, les Issarts, Issart morut ; Tête Dissarte, Issartassi, etc. Très fréquent).

    [Noms de lieux et de famille : Les Essarts, Des Essarts, Daissard ; Boneissart, Brunissard, Gaudissart, Malissart, etc.].

Embut — Entonnoir ; tourbillon d'eau ; gouffre où vont se perdre les eaux. Issue naturelle d'un lac ou d'un marais.

    (L'Imbut).

Encastre — **Enchastre** — V. CAST.

Ers — **Erc** — **Erch** — Se rapporte au vieux provençal : *ertz*, dressé, élevé. — Latin : erectus ; italien : erto.

    (Erch, Erchette, la Graia d'Erch, Ibacd'Erc, Erquette etc. Fréquent.)

Escaioun — Eclat de pierre, de roche ; petite écaille, de *Escaio*, écaille.

    (L'Escaillon, Lescaillon, Les Escaillons, Scaillons, etc.).

Escalino — **Escarino** — **Escareno** — Pente très raide, flanc raviné d'une montagne. — Savoyard : *Escharène*.

    (L'Escarine, L'Escarène).

(ESCANDOLIER). — V. CANDOURIÉ.

(ESCARENA). — V. ESCALINO.

Escoubo — Balai.

    Dér. — ESCOUBIHOUN, ESCOUBAIOUN. — Ecouvillon, instrument d'artilleur et de boulanger.

    (Scoba, Scobette, Escobette ; Tête de Scubajon — C H —, Rⁿ de Scoubaglion, baisse de Scuvion — C —.)

    Peut-être : lieux où abonde la bruyère, de *escoubo* (*de brusc*) balai de bruyère ?

Euse — **Euve** — Yeuse ; chêne-vert.

    Dér. — *Eusiero* — *Euviero*. — Forêts d'yeuses. Bois de chênes verts.

    (L'Euze, Leuze, Li Euses, Pas de Leuses, Leouve, L'Eusièra, etc. Fréquent).

Fado — Fée.

[Les Fades. Le Cannet. Lou banc de Las Fados; La roco di Fado; La Péiro de la Fado etc. Noms de lieux communs dans le Midi].

Faïsso — **Faïcho** — (FASCIA). Bande de terre soutenue par un mur, plate-bande de jardinage, baisse. V. *Sóuco* (*Suorca*).

(Les Faïsses, La Faïssa d'Adca, Faïssé, Faïssalonga, Adré de Fascia. Lai Fascias, Faïssola, etc. Très fréquent).

Fau — Hêtre, fayard, fouteau. Se dit aussi : FAIARD.

(Lou Fau).

[Font du Fau, près de Suse].

Faucimagno — Grande faux.

(Faussemagne, Faussemagnette, Falcemagne, Foussimagne, etc.)

(FEA — FEDA). V. FEDO.

Fedo — (FEDA — FEA). Brebis.

(Las Feas).

Fem — **Femié** — Fumier.

(*Femmo*. — Défiguration, sur le cadastre de Lantosque, de *Femova* — *Femousa,* lieu où le fumier abonde, où se réunissaient autrefois les troupeaux avant de monter vers les pâturages d'été).

Femo — **Fumo** — **Fremo** — Femme.

(Frema-morta, la Fremma, Fumavieilla, etc.).

Fen — Foin.

Dér. — *Feniero* ; meule, tas de foin ; fenil, grenier à foin.

(La Feniera).

Fér — Sauvage, non apprivoisé, inculte.

Dér. — *Feroun,* farouche.

   Ferous, féroce.

   Feran, sauvage.

(Lac de Lausfer — C — littér¹ : Lac du Lac sauvage, etc.).

[Combe ferranne, près d'Oulx].

Ferigoulo — Thym.

Dér. — *Ferigoulet, Ferigouleto.*

(Pas de Friligole, Daluis).

[Frigolet — B. du Rh. —].

Font — **Fouont** — **Fouant** — Fontaine, eau jaillissante ; source.

Dér. — *Fountan,* fontaine.

   Fountaniéu, petite fontaine.

(Font Santa, Fon Freia, Fouon Seccia, Fuoncauda, Fuont Soubrana et Soutrana, Fouant de Sant Martin, Fouantes, Fuons Freja — C — ; Fontan, Le Fontan, Fontanieu — nommé par les cartes : Fontanin).

Foro — **Fouoro** — Dehors.

Dér. — *Fouran*, du dehors, éloigné, écarté, forain.

(Bois fouran — Utelle -)

Fournigo et **Fourmigo** — Fourmi.

(P^{te} de Pierre Formigue — C —)

[Ecueil de la Fournigue, dans le Golfe Jouan].

Fous — Fontaine, surtout dans le Gard et le Var.

(Vast^a de la Fous — C I —) [Source de la Foux près d'Antibes CH —
La Fous — Cannes —]

Fracho — Eboulis, écroulement, caverne, anfractuosité.

Dér. — *Frachet, Fracheto.*

(Frache, Fraccia, Frascia, Fraccié, Fraschet, Fracieta, etc.
Fréquent).

(FRACCIÉ) — FRACHET. V. FRACHO.

Frago — Fraise.

Dér. — *Fraguiero.* Lieu planté de fraisiers.

(Fraghière — C I —)

Frais — Frêne mâle.

Dér. — *Fraisso*, frêne femelle ; forêt de frênes.

Fraissinet, Fraissineto, — (Fraissinea) forêt de
frênes.

(Fraisse, Fraïsse, Fraissinet, Fraïssineta, Fraïssinea, etc.)

Frau — Probab^t pour *frêne.*

(Fraou, Lucéram).

(FREMA). V. FEMO.

Galis — Ligne oblique diagonale, talus, glacis.

(Le Gallis de Belmarotte — Sospel.)

Gardiolo — **Garduolo** — **Garduelo** — Vedette, petite hauteur,
borne destinée à garder une limite.

(Gardiola, Guardiola, Gardiora, Gardivola, Garduole, etc. —
fréquent).

Gargaleto, Gargaleto — Petit gosier. — *Béure à la gargaleto,*
Boire à la régalade.

(M^{son} de la Gargarette — Peille).

Garrus — **Agarrus** — Houx, grand houx, chêne à kermès.

Dér. *Garrussiero.* Bois de houx, terrain inculte, garrigue.

(Cime Garuccie — Castillon —, C'est le Pic de Garuche des Cartes).

Gaudissart — Nom de lieu très fréquent dans le Midi, où entre en composition *issart* (v. ce mot) — peut-être avec *gaud*, forêt, en vieux provençal.

    (Gaudissart, Godissar, Gaudissari, Gandissaï — Défiguration de la C.-I).

Genèsto, Ginèsto — Genêt.

    Dér. Genestiero, Ginestiero — Lieu couvert de genêts.

    (Génestiere, Ginestiera, etc., assez fréquent).

Gerlo — Jarre, sorte d'amphore.

    (Gerle — Trinité-Victor).

(Gias) — V. Jas.

Gibous — Bossu, gibeux.

    (Crête de Gibous, Collet de Gibous).

Gip — Plâtre.

    Dér. Gipié, Gipiero — Platière, carrière de plâtre, four à plâtre.

    (La Gipiera, La Gippiera, La Gippiere, Le Gibier, etc., fréquent).

Glèiso (Gleisa — Gleia) — Eglise.

    (La Gleia, La Gleija, etc.).

    [Les Gleizes — près d'Oulx].

Gourg, Gourgo — Gouffre, abime d'eau, amas d'eau dans un bas-fond, flaque profonde.

    (R^{in} du Gourg, Gourbiaou pour Gourg-blau — La C. II. porte Gorblan, — Gourchescure, etc.).

    [Très fréquent dans le Midi].

(Graia) — V. Graso.

Graso — (Graia, Graa). Rocher plat et large; large dalle de pierre brute.

    (La Graia d'Erch — C —. R^{in} de la Graia, Baisse de la Graille, La Graa longa, La Graa de Peiremonte, etc., fréquent).

Grau — **Engrau** — Coupure, pertuis, ouverture ; forme locale de *Gravo* (v. ce mot).

    (La Graou, La Graaou).

Gravo — Grève, gravier, pierraille, terrain tertiaire composé de gravier, sable et terre. Confluent de torrents.

    (La Grave, la Gravasse ; La Grave de Peille, confluent du Paillon de Contes et du Paillon de l'Escarène).

Gréu (GREO, GREOU, GRÉLES) — V. AGRÉU.

Guècho — **Guerch, fém. Guercho** — (GUERCIA) — Louche, strabique.

(Rᵃᵘ de la Guercia, Hᵃᵘ de la Guercia).

(GUERCIA) — V. GUÈCHE.

(HUBAGUES) — V. UBA.

Ibac (IBAGON) — V. UBA.

(IMBUT) — V. EMBUT.

Isclo — Ile, alluvion, grève, terrain plat couvert de buissons et d'arbrisseaux qui se trouve le long des rivières.

(L'Iscla, Lisclo, Iscle, Isclos, etc., très fréquent).

Issart (DISSARTE) — V. EISSART.

Jas — (GIAS) — Gite, lieu où l'on couche, bercail.

Dér. *Jasso, Jassino*, même sens.

(Gias, Giassina, très fréquent).

(LANTOSQUE — LANTOUASCA) — Localité. — V. *Tousco ?*

Lau, — **Laus** et **Lac** — Lac.

Dim. *Lauset, Lausarot* et *Laguet.*

(Lausier, Lac de Laus — C —, Lauzanier — pour Laus nièr, Lac noir —, Lauzet, Lauzerot, et Laghet).

(LAUSETA) — V. ALAUSETO.

Lauso — **Lauvo** — **Lavo** — Pierre plate et mince.

(Les Lauses, La Lausa, Laouva, Les Loses, Laousa, La Lava, La Laveta, etc., très fréquent). V. ALAUSETO.

Leco — **Lecho** — Quatre de chiffre, sorte de piège ; Rocher en forme de quatre de chiffre.

(La Lecha, Lecios, Leccia Bruna, etc.).

[La Lèque, Bouches-du-Rhône — Lesches, Drôme et Dordogne].

Levado — Levée, chaussée, digue.

[La Levade — Mandelieu ; Li Levado dóu Rose, de Durènço — Les digues du Rhône, de la Durance].

Lono — **Louono** — **Launo** — Lagune, mare, flaque, bras de rivière, lieu où l'eau est profonde et tranquille.

(Les Lones, Li Luonas, Les Louenas, Launa soprana et sotrana, Rᵃᵘ de la Launa, etc. — fréquent).

[Li Lono dóu Rose — Les bras morts du Rhône].

(MAGLIA) — V. MAIO.

Maio — (MAGLIA).

1° Petite fille qui le 1er jour de Mai ou dans le courant du mois, se place au coin d'une rue ou devant une table pour solliciter des passants une légère rétribution.

2° Maille, anneau d'un tissu.

3° Maille, ancienne petite monnaie de billon.

(Rⁱⁿ de la Maglia — C — et Rⁱⁿ de la Maille — C —).

Mairis — Matrice (vieux).

(Maïris, forêt de Mairis, Mairise, Mairisette).

Mantego — Ordure, gadoue ?

(Mantega, Mantegas).

Masc, fém. **Masco** — Magicien, sorcier, enchanteur.

(Pas de Masques, La Masca, Lac de Valmasca — C — ; La Cluse de Saint-Jean-la-Rivière est appelée par les habitants : Pas de la Masque).

Maure, Moure — Brun, chargé en couleur.

Dér. Mauréu, Mouréu, Maurèl, Mourèl.

(La Maure, Les Maures, Combe-Maure, Maura, Moureou, etc).

[Mᵒⁿˢ Maures ; Les Maures de Vallauris, près Cannes ; Noms de lieux et de famille répandus].

(MELANCIERA) — V. Amelanchié.

Mèle — Mélèze.

Dér. Meledo — (Meleda → Melea), bois de mélèzes.

(Les Meles, La Melea, etc.).

Merdansoun, Merlansoun — Noms portés par des ruisseaux qui servent d'égout.

(Merdanson, Merlanson).

Mirau — Miral — Mirai — Miroir.

(Rᵃᵘ de Mirail).

Mouié — Epouse.

Malo-Mouié — Mauvaise épouse.

(Roches Mulié — C - I —, Crête de Malamouiller — Peille).

Mount-Joio — Tas de pierres élevé par les bergers pour servir de bornes. Pilier qui indique une route. Tas de pierres sur lequel les pèlerins plantaient une croix.

(Gorges des Montjoies, Lac de Montgioja — C —, Cime de Montgioyo).

(MOUNEGUE, MOUNIGA). — V. MOURGUE.

Mourgue — Moine.

Mourgo — Nonne ; Statue antique servant de terme ou de borne.

Contractions de *Mounegue* et *Mounego* ou *Mounigo*.

(La Morga, La Morgua, La Morghetta, — fréquent — Col de Monigas, Palay dei Mouniga).

Mourre — Colline, rocher en forme de mufle, mamelon, éminence arrondie, morne.

Dér. Mourreno — Amas de débris de roches, monticule.

(Le Mourre-haut, Mouregelat, Lu Morres, Moravacciera — C I —, Salsa Morena).

(Muraour) — **Muradou** — Maçon — V. Aour.

(Nom de famille de la région).

Nai — **Nais** — Routoir, lieu où l'on fait rouir le chanvre ; bassin.

Dér. — *Naiage.* — Rouissage.

(Les Naïges — Valdeblore —)

Negre — **Niér** — Noir.

(Costa negra, Balma-negra, Roubines negres, Lac negre, Bouchenière, Roccaniera, etc.)

Niér — V. Negre.

Niéu — **Nive** — **Nivo** — Nuage.

Augm. — *Niéulas, Nivoulas.*

(Pia Clot de Niou — C S, — Le même : Cluot de Nivolla — La Bollène —)

Nose — (Noue). — Noix.

Dér. — *Nouguié, Nouguiero.* — Noyer.

(La Nose — Saorge —, La Nougiera, Nougairetta, Nougeairassa, etc.).

(Nougiera, Nougairetta), etc. V. Nose.

Ort — **Ouort** — **Ouart** — Jardin.

Dér. — *Orto.* Grand jardin entouré d'une haie.

(Ria de l'Ort, L'Ouort, Lu Ouarts, Lou Zuorts — pour : Lous Ouorts — ; Ria des Ortas.)

Oulivastre — Olivier sauvage.

(L'Olivastra, Gr d'Olivastre — C —)

Ouriero — (Auriera). Bord d'un champ, espace labourable qui se trouve entre deux rangées de vigne ou d'oliviers, sole de terrain.

(Las Aurieras, Cime d'Aurieras, Cime *Neuricras*, défiguration du précédent de la C A M).

Ourtigo — Ortie.

    Dér. — *Ourtiguié, Ourtiguiero* — (OURTIGUIERA — OURTIGUEA
    — OURTIA). Lieu où l'ortie abonde.

    (Ortiguier, Ortighea — C —, Ourtia.)

Oustau — **Oustal** — Maison, hôtel, logis.

    (Houstal-neuf, collet de l'Oustal, le Stao sobran, le Sta de Rio,
    Lousta de Luc, l'Oustalet, le Stalon, etc.).

(PAILLON). V. PEIO.

Pairòu — **Peiròu** — Chaudron.

    Dér. — *Pairouliero* — *Peirouliero* — Chaudronnerie.
              Peiroulet, dim. de *Peiròu.*

    (R^au de Pairoulière, Payrolet, P^le Pairolière — ancienne porte
    de Nice —.)

Palaredo — (PALAREDA — PALAREA). — Palissade ?

    (La Palarea — Peille).

Palun — **Palud** — Marais, terre d'alluvion sur les bords d'une
    rivière.

    (La Pallu, La Palu, La Palud).

Panperdu — Litt^t *Pain perdu.* N. de l. Mauvais pays.

    (Panperdu — Utelle —)

    [R^ca Pan Perdu — Vers^t italien —, n. de quartier assez fréquent
    en Provence et en Languedoc].

Parpello — Paupière, sourcil.

    (Cime et Baisse de Parpelle, — à l'Authion —)

Peio — **Peloun** — 1° Loque, haillon, chiffon, guenille. 2° Sommité
    dégarnie et recouverte de gazon.

    (Peille, Peillon, Paillon ?)

    [Les Peillons — près Mouans-Sartoux, — C —].

Pèiro — Pierre.

    (Peira Cava, Peira longa, Peira negra, Peira-fueuk — pour
    Peira-fuec = Pierre à fusil, — Peyre grosse, etc. Très fréquent).

Pelen — **Peleno** — Pelouse, gazon, champ en friche ; pré ou pâ-
    turage maigre.

    (Lous Pelens, — St-Martin d'Entraunes —).

    [N. de fam. dans les Alpes].

Peno — Comble, hauteur, sommet ; montagne élevée.

    (Las Pennas ; — *Cime du Penas* — sic : pour *de las Penas* —
    — C. 1/100000 — ¹).

    [Mt Pena — près de Bourg St Dalmas — fréquent dans le Midi —]

---

1. Cette défiguration du fém. pluriel prov. en masculin singulier, paraît incroyable,
elle est pourtant générale sur nos cartes ; ainsi : *Lu Snorcas* pour *Las Snorcas,* etc.

Perdiguié — **Perdiguiero** — Lieu où abonde la perdrix.
(Perdiguier, Perdighier, Perdighiera).

Pertus — Pertuis; trou, tunnel, gorge.
Dér. — *Pertusado*, p.p. fém. de *Pertusa*, trouer.
(Le Pertus, Peira pertusada, etc.)

Perus — Poire ronde, poire sauvage.
(Col de Perus, le haut Perus).

Piboulo — **Pibouro** — *Pivo, Piblo, Pibo.* — Peuplier, peuplier noir.
(La Pibola, Pivora, Pivola).

(PIGNATELLE). — V. PIN.

Pin — Pin, arbre.
Dér. — *Pinedo* — (*Pineda* — *Pinea*). — Bois de pin.
Pinatèu — *Pignatèu*. — Jeune pin.
Pinatello — *Pignatello*. — Forêt de jeunes pins.
Pinastre. — Pin sauvage.
(Tête du Pin — C —, La Pinea, Rⁱⁿ de Pignatelle, Pinovel —
pour : Pin nouvèl — C —.)

Piol cf. **Piboulo** — (Quartiers de Nice et de Lantosque. Ce dernier
appelé *Pivol* ou *Piol*.)
[Pioule — Var — etc.].

(PISSAOUR) — PISSADOU. V. AOUR. — Pisseur, pissoir.
(Source de Pissaour — au col de Braus —.)

Plan — Plaine, pays plat ; plateau de montagne.
Dér. — *Plano*. — Plaine.
Planastro. — Plaine stérile.
(Plan Constans, Plan del Caval — C —, Plan Caval — C —,
Plan Raibert — C —, Le Pian — Gorbio — ; Les Planas ; La
Planastra.)

Planestèu — **Planestèl** — Plateau, terrain plat et élevé.
[Le Planestel — C H d'Antibes].

(POUÈT). — V. PUE.

Pouja — **Poua** (PUA). — Monter.
Dér. — *Poujado* — *Pouado* — (*Puada*) — *Puau* (*Puao*) —
Puaio. [1] — Montée, roidillon.
(La Puaou, Puao, La Puaio, La Puaille.)
[En bordelais : Pua — monter. — La Poujade, La Pujade, La
Pouyade, etc. Noms de lieux du Midi].

1. Voir, note 1, g. et h.

Pourtissèn — Pourtissau — Pourtissuolo — Petite porte, guichet.
(Portissuola — Peille —.)

Prat — Pré.
Pradet (Praët). — Petit pré.
(Pra soubeiran ; Prat de la court ; R^{in} de Praët — C — cime de
Prals — pour Prats — C H —.)

Priéurat — Prieuré.
(Le Priolat — St Martin d'Entraunes. —)
[Commun dans le Midi].

(**Puao, Puaou, Puaille**). — V. **Pouja**.

Pue — Puech — Puei — Puy ; Ondulation de terrain ; sommet,
éminence, colline isolée.
Dim. — Puget, Pouget, Poët, Pouet.
(Pué, Puey, Le Puget, Pugé, Pouet, etc., fréquent.)
[Dans la Drôme : Le Poët-Laval].

Puget — V. **Pue**.

Rai — Jet de liquide, trait, fil de l'eau, écoulement, rigole, cascade.
De *raia* — *raja*, couler.
(V^on du Ray, Qu. de Ray, Rais).

Raio — Raie, bande étroite, ravin de montagne, ligne formée par
une chaine de montagnes.
(La Raya, Pied de la Raya — Valdeblore).
[La Raye, pays du Dauphiné].

Ranc — Roche escarpée, rocher, écueil, paroi verticale de rochers.
Dér. Rancaredo, chaine de rochers arides.
(R^{in} du Rang, Col de Rancarel).

Raus — Prob^t *Raust* en vieux provençal : rôti, grillé.
(Sommet de Raus et Col — La Bollène —, R^{au} de Raus — Clans).

Requist ; dim. *Requiston* — Requis, recherché, précieux.
(Qu. de Riquiston — Sospel).

Revèire — Revoir.
(R^{au} de Reveire — Lucéram).

Roubino — Lieu raviné, ravine, M^{gne} de nature schisteuse. Dans la
plaine : Canal de dessèchement, de dérivation.
Dér. Roubinous, raviné, schisteux. *Péjor. Roubinastro.*
(Roubina, Tète des Roubines Nègres, Pas roubinous, Roubinastre.
etc., fréquent).

Roui, Rouei, Rouge — Rouge — fém. *Rouio, Roujo.*

(R^{an} de Rouya, La Roya, Roia — C —).

Roumanin — **Roumanién** — Romarin.

(Collet de Roumanie — Peillon — et, peut-être le « Camp des Romains » des Cartes, à Pèira-Cava).

Roume, Roumègo, Roumeso — Ronce, buisson.

Dér. Roumias, Roumegas, Roumeguié, Roumeguiero — Fourré de ronces, ronceraie, hallier.

(Romegas, Romegassé, Romegiero, Roumegieras, Rumeguera, et, peut-être, Roumenes — Luceram — et « Camp des Romains » des Cartes, à Pèira-Cava.)

Roure, Rouve — Rouvre, espèce de chêne.

Dér. Rouredo, Rouveiredo, Rouviero, Rouiero, Rouguiero — Chênaie de rouvres.

(Roure, Rouré, Rauré — C —, Rouieras, Rouguiera, etc. — fréquent).

(Roya, Rouya) — V. Roui.

Sagno — Plante palustre ; masse d'eau, marécage, pré marécageux.

(La Sagne, Sagna, Las Sagnas, La Sagnetta, Le Sagnou, etc. — très fréquent).

[Sagnassa, Saignes longues — vers^t italien —. Saignes — Cantal, Lot, Archèche, etc. —, prob^t : La Siagne, riv. près de Cannes, d'embouchure marécageuse].

Sambu — **Sambuc** — Sureau, arbrisseau ; Coupe-gorge.

(R^{an} et G^r de Sambuc, Sambuquet).

[Noms de famille du Midi].

(Saucia, Suolcia) — V. Sóuco.

Saumo — Anesse.

(Sauma-Longa — Saint-Etienne-de-Tinée, prob^t : Montagne qui a l'aspect d'une ânesse longue. Crête de Sauma longa, à Lantosque, dite aussi par les habitants : Cima longa. Les cartes indiquent : Soma longa.)

Sause — Saule.

Dér. Sauselo, Sausedo — (Sauseda — Sausea) Saussaie, Saulaie, bois de saules.

(Sause, Sausea).

Sausso — **Salso** (Sarsa) — Source d'eau salée, suintements qui laissent des dépôts colorés.

(Salsa, Salsa Morena, Les Sarsas).

Sauvaire — **Salvaire** — Sauveur. — V. AIRE.

Sàuvi — **Sàlvio** — (SALVIA) — Sauge, plante.

  (Collet de la Salvia — Peillon).

Savòu — **Savèl** — Sablon, sable grossier, roche qui se délite en sable.

  (Savels, Savels, Savelet, Savellet, Ribes de Savelet, etc., très fréquent).

  [Noms de lieux et de famille du Midi].

(SCANDELAUS) de **Caudòu, Candèl ?** — (V. ce mot).

  (Le Scandelaus — montagne, C H — pour Les Candelaus ?)

(SCUBAJON, SCOUBAGLION, SCUVION) — V. ESCOUBO.

Serre — Crête en dos d'âne et dentelée. Sommet isolé et de forme allongée. col, pic, contrefort de montagne.

  Dér. Serro. Au prop. : Scie ; cime dentelée, crête de montagne.

  Serriero — Cime dentelée, crête, suite de crêtes.

  (Le Serre, Le Serret, Lou Serre, Roque-Serre, Roca-Seira — le même, dans les cartes —, Serriere, Serriera, etc., très fréquents).

Sestriero — V. SISTRE.

Séuvo — **Selvo** — Forêt, bois.

  (La Selva, La Salvette, etc.).

  [Fréquent dans le Midi : La Selve, Lasseube, Sylvabelle, Sauvebenite, Salvecroze, La Sauvette, etc.]

Sistre — Poudingue, agrégat de cailloux réunis par un ciment naturel. Schiste.

  Dér. Sistriero, Sestriero. Lieu où le *sistre* abonde.

  (Sestrière, Sistroun — C —, etc).

  [Cistrières — Haute-Loire —, Col de Sestrières — Vallées vaudoises, — etc.]

Soubran — **Subran** — **Soubeiran** — Supérieur, qui est au dessus.

Opposé à : **Soutran** — **Soutan** — **Souteiran** — Inférieur, qui est au dessous.

  (Fuont soubrana, soutrana ; Cros sobran, sottan ; Lou gaut soubeiran, soutan ; Le Plan souteiran — C. 1/100000 — etc. — Très fréquents).

Sóuco — **Sauco** — **Solco** — **Sorco** — **Sóucho** — **Saucho** (SAUCIA) — **Solcho** (SOLCIA, SUOLCIA) — **Sorcho**, etc. — Sillon, planche de terrain, plate-bande, espace labourable entre 2 rangées de vignes, terrasse cultivée entre 2 murs de soutènement. Montagne dont les assises rocheuses présentent à distance l'aspect des terrasses ci-dessus.

[V. *Faisso*, *Ourièro*].

(Souanca, Souancas, Sourche, Les Sorques ; Le Suorcas ([1]) — C I —, Sancia — C —, Las Saucias — C —, Sauciatoria — C —, Las Suolcias — C —, Suolca de la Madona, indique sur la C. I. le plateau de la Madone d'Utelle, etc. — très fréquent.)

Soum — Sommet, bout, extrémité.

(Soun dou prat — Valdeblore).

Sourgènt — Naissance d'une source, source.

(*Sourgentin* et *Sorgentino*, source qui naît dans la plaine de Riquier à Nice et alimente par une très ancienne canalisation le quartier de Lympia, au port. — En 1555, les servitudes relatives aux *Naïs* (v. ce mot) alimentés par cette source faisaient déjà l'objet de réclamations, entre autres celles contenues dans le Mémoire en dialecte Niçois de Francés Capel adressé aux syndics — Mss. de la Bibl. de Turin — Voir *Romania*, Tome XXV).

Soutran — **Soutan** — **Souteiran** — V. Soubran, etc.

Souvage — **Sarvage** — (Selvage — Servage) — Sauvage, sans culture, rude, inabordable.

(Sant Dalmas lou Selvage, village).

Su — **Suc** — Au propre : sinciput, sommet de la tête ; cime, sommet.

(Suc d'Huesti, Barma de Suc, Crête du Suquet, Le Suquet. Le même dit : Suchet, par les cartes qui conservent les errements sardes, etc. — fréquent).

Suei — **Sui** — **Suelh**.

1° Endroit poli, lisse, plat, uni, *seuil* ; v. *Plan*, *Clot*.

2° Bourbier, gâchis, égout naturel. *Sueio*, mare à purin, fosse à fumier.

(V[os] de Sueuil, Sueil, h[au] de Seuil sur le r[au] de Sueil, Le Seuillet, etc.)

(Suorcas, Souarcas, Sorques, Sourches) — V. Sóuco.

<hr>

[1]. Voir Note correspondante au mot *Pena*.

Suve, Siéuro — Liège, Chêne-liège.

    Der. *Suveret*, petit chêne-liège ;

       Suverello, variété de chêne;

       Suviero, bois de chêne-liège.

    [Vallat de Suveret — Mandelieu, — Suve, Suvière, fréquents dans l'Esterel et les Maures].

Tepe — Tertre, monticule, coteau rapide, sommité recouverte de gazon.

Tepo — Gazon, pelouse, herbe menue.

    [Bergerie de la Grande Teppe, près d'Oulx].

Téule — Tuile.

    Téulisso — (Taulissa) — Toit.

    Téuliero — (Tauliera) — Tuilerie.

    (Teuliero, La Tauliera sur le R^{is} de la Teuliera, etc.)

    [Théoules, près de Cannes].

Tiro et **Tirassiero** — Couloir pour la descente des bois.

    (La Tira, sentier de la Tire, La Tirassiera, etc.)

Tor — **Touor** — **Touar.** — *Dim. Touret, Tourelo.* — *Dér. Tourado* — Butte, tertre, monticule aplati sur le sommet, petite éminence.

    (Cime de Tor, Cime du Tuor, Sommet de Touart, Touret, etc.)

    [Tourrette, Thorenc, Thorame, etc.]

Tourraco — **Tourracho** — Nom de lieu. — En vieux provençal : *Torracha*, guérite.

    (Torraca, Tourracia, etc., assez fréquent).

    [La Tourraque — Qu. d'Antibes — Les Tourraques — B.-du-Rh.]

Touasco — **Touasco** — (TOUASCA, TOASCA). — Touffe d'arbre, cépée, fourré, hallier, buisson, haie vive.

    (Toasc, Toesca — n° de lieux et de famille —, Balma di Toasche à côté de *Serri de Lantouasca* — Mont Vial. C S. —.)

Tueis — **Tuis** — **Tues** — etc., if, arbre.

    (H^{au} de Tueis, Baisse de Tueis, Donjon de Tueis, Tues, Teias, Tues, Touai, Baisse de Tucis — défig^{on} de la C I — etc., fréquent.)

    [St Vallier de Thiey, près de la M^{son} de Thiey — arr^t de Grasse].

Uba — **Ubac** — **Ibac** — Versant exposé au nord ; par opposition à *Adré, Adrech,* (v. ce mot.) Partie d'une vallée qui est le plus longtemps à l'ombre.

(Ubac, Ibac, Ubag, Ubach, Libac, les Hubagues, Lubaq, l'Ibagon, etc. Très fréquent. Défiguration de la C l : le Bac.)

(VACAIRE, VACAIRIS). — Vacherie, vachère. V. AIRE.

Valabre — **Vabre** — Ravin.

(H^{au} et R^{au} de Valabres, rochers de Valabres, R^{au} de Vallabres.)

Valat — Fossé.

[Plan du Valla — Mougins —, Vallat des Avellaniers — Mandelieu].

Val-Escuro — Vallée obscure.

(Valescure — Castillon —.)

[Nom fréquent dans le Midi.]

Valiero — Vallée, pente.

(Valiere, Valliera, Vallières, Valierasse, etc., fréquent.)

(VALMAOUR) pour *Valmajour.* — Val majeur.

(Valmaour — Gorbio —.)

[Valmajour — B. du Rh.].

Varaire — Hellébore blanc, plante.

(Collet de Varaire — C —.)

Vaste — Vaste, désert, dévasté, solitaire.

Dér. — *Vastiero ?*

(Les Vastières — Utelle, — Vastera, fréquent dans le haut comté — C —.)

Vèio — Veille, vigie, écueil.

Exemple de défiguration dans les cartes : les « Véia » ou Veilles, écueils situés entre Monaco et le Cap-Martin. Pour l'un d'eux, la C H. française porte : P^{te} de la Vieille et la carte sarde : P^{ta} de la Vecchia ; pour une autre : P^{te} de la Veille et P^{ta} de la Veglia.

[Les Veilles d'Agay, dites par la carte : Vieilles d'Agay].

(VELLANÉE LA) pour (L'AVELANEA). — V. AVELAN.

(VENCHETTA). — V. AVEN.

Ventabren — **Vènto-bren** — Au propre : qui évente du son. Au fig. : fanfaron, vendeur de fumée.

(Ventabren, Ventebren, etc., fréquent.)

[Fréquent en Provence].

Verno — Vergno — Verne, aune,
Dér. — *Vernedo.* — (*Verneda — Vernea*) et *Verniero.* —
Bois de Vernes.)
(Vernea, les Vernes, Vernetta, les Verneux — C I — pour : les
Vernes.)

Vilar — Vielar etc. — Hameau, village (vieux).
(Le Villars du Var, le Villars de Lantosque, etc.)
[Très fréquent dans le Midi].

Viraourg pour Viraour) — **Viradon.** — Ce qui sert à tourner,
girouette. — V. Adou.